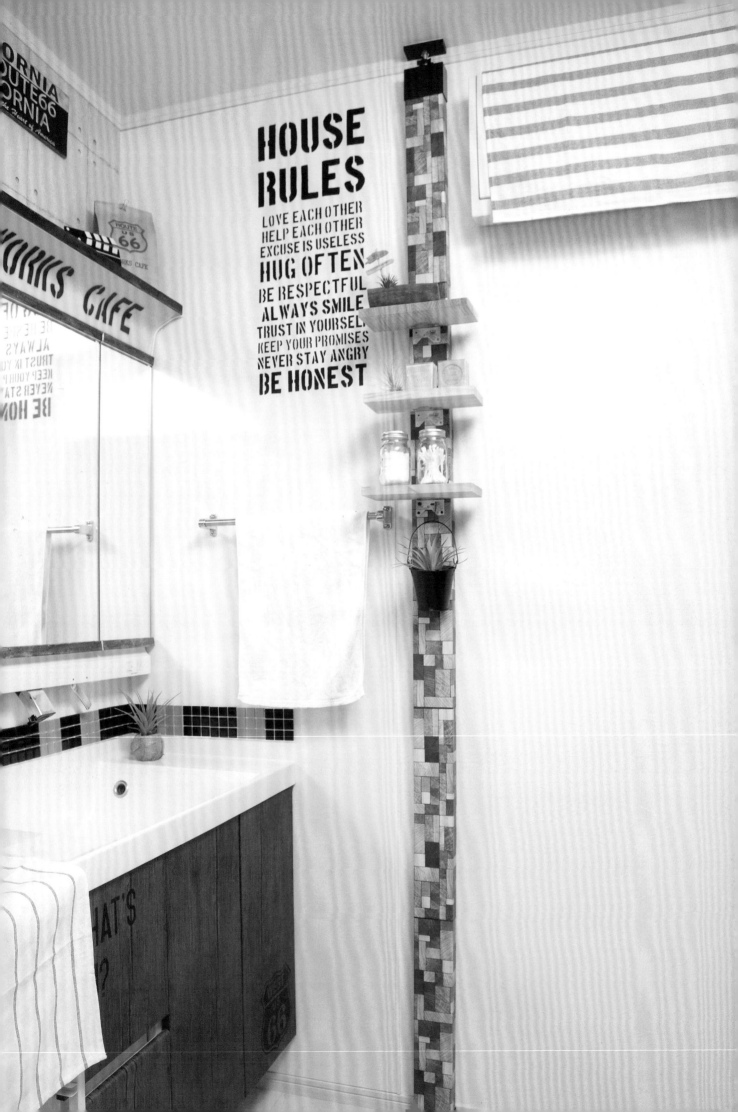

是收納也是裝飾！免鑽牆＆免打孔！
小空間完全適用的壁面改造術

LIFE
IS
BETTER
WHEN
YOU'RE
LAUGHING

15

introduction

本書以不傷牆壁的牆面收納設計為中心，
並介紹許多居家空間改造可以參考的
素材、創意、品味風格。

隨著DIY越來越受歡迎，自己動手作的人增加，
並且在租賃房屋或新成屋中，
會希望施工能不破壞居家空間，
各種材料也因應而生。

受惠於多樣性的材料，
無論是大樓還是公寓，
或者獨棟房屋都能簡單地
進行改造及增加收納空間。

雖說如此，租賃房屋時，
契約還是有許多不同規定。
工具的使用條件也很多樣，
仔細地確認契約及製造商官方網站等等訊息，
再動手製作收納架及層架、
貼上壁紙、磁磚、
紙膠帶或壁貼，
盡情地改造居家空間吧！

part 1

運用能簡單組裝的立柱 增加收納及裝飾空間

part 2

活用創新的改造工具
享受可恢復改造法的樂趣

part 1

運用能簡單組裝的立柱
增加收納及裝飾空間

如角料支撐調節器、層板支架等,
能夠以不傷害建築本體的方式架設柱子,
再安裝上層架的工具持續問世。
如果能善用這些方便的工具,
就能在家中死角設置收納空間,
也能輕鬆地增加展示空間。

在此介紹由許多DIY愛好者
所打造出具有國外裝潢風格,
率性隨興的牆面收納設計與室內布置。

不將房間分成兩個、縮小空間，而是以層架作為區隔
讓兄弟倆能處在同一個房間，又擁有屬於自己的空間

使用角料支撐調節器在地板及上方拉門框之間架設兩根柱子，再加上層板。兩邊都能取物，可以放置兩人共用的物品。

於層架旁設置書桌及椅子

層架上擺放書及文具等物品，旁邊放著二兒子的書桌及椅子。重新改造
大兒子的房間後，二兒子提出「我的房間也要！」而作出的更動。

Y小姐

運用隔間為感情好的兩兄弟
打造出共同且獨立的空間

大兒子升上國中後，我
在考慮將他與二兒子一起使用
的小孩房分隔開來。但是兩
兄弟的感情很好，也告訴我
不需要分隔。若完全分隔，
一個人的空間大約是4.5
張榻榻米，空間變小確實有
點可惜。因此，我決定使用
角料支撐調節器架設2根柱
子，設置隔間，並依照兩人
的個性打造出不同風格的空
間。這樣一來，能保有寬敞
空間，也能收納共同使用的
物品，作為展示空間。

矗立在寧靜住宅區的
家，已邁向入住的第9年。
在建造時考量到「要與樑柱
和諧相處」，實現自己的各種
想法」，所以內外裝潢都很
講究。從樑柱到洗臉台，都
選用了令自己滿意的物品。
我對於室內裝潢的喜好
原本就很鮮明，為了能打造
出接近自己理想的空間，也
開始進行DIY。現在不只
是自家住宅，還承接美髮沙
龍的改造，幾乎每天都會使
用到工具。

將調節器貼上
鐵鏽圖樣的紙膠帶
營造出鐵皮箱風格

貼上黑板壁紙的掀蓋
裡面收納了迷你毛巾及面紙

板材貼上黑板壁紙，裡面放入外
出時的必需品。

右　將以角料支撐調節器架設的柱子當作身高
測量板，畫上身高及姓名、日期

角料支撐調節器是可以安裝在2×4角材上，
用以架設柱子的零件。貼上鐵鏽圖樣紙膠帶，
呈現鐵皮箱風格。

左　以角料支撐調節器架設的2×4角材柱，
加上鋼製束帶

束帶的最上方掛上掛勾，吊掛植栽。也擺飾了
人造空氣鳳梨&設計感裝飾物。

因為大兒子升上國中，
便以角料支撐調節器設置出隔間，
寬敞地隔開小孩房，
將大兒子的空間打造成店舖風格。

改造黑板立架

拆解立架，製作成大窗框，貼上百圓商店
購入的雨傘用貼紙或字母，使用金色筆畫
出重點設計。

半身人台及掛勾，搭配鏡子、堆疊的收納箱，呈現出國外質感小店般的風情

將磚塊圖案壁紙以壁紙用粉狀膠水貼合。這種膠水能讓壁紙在撕下時保持壁面乾淨。

以櫥窗展示的氣氛布置床鋪區域

使用DIY的窗框，打造櫥窗展示風格的衣櫃區，以黑板壁紙及綠色植物
點出空間重點。

使用調節器
架設2根柱子
加上橫條木板及櫃子
打造出兼具收納及展示功能的空間

在完成塗裝的2×4角材上，固定塗成白色的橫條木板。
加上掛勾，掛上刷子及側邊的鈴噹，作為重點裝飾。

Y小姐

DIY客廳的牆面作出電視櫃
樓梯也使用紙膠帶及遮蓋膠帶裝飾

電視週邊是最容易映入眼簾的場所，
使用調節器架設柱子，設置電視櫃，
搭配一旁的樓梯作裝飾。

我的第一件作品，是5年前組合百圓商店的相框製作而成的玻璃盒。先生跟小孩們都很支持我對室內裝潢的堅持，最近休假的時間，會到附近的店家施工，平日則是在自己家中拿著電動起子工作。持續這樣的生活，讓我四肢的肌肉變得很結實。因為先生希望我能增加女性魅力，所以我三星期會去作一次美甲，但先生也說「你開心最重要啊！」

最近換上新裝的是客廳的牆面。因為就某方面而言，客廳是「家中最好的場所」，於是用心地釘上橫條木板作為牆面，加裝能放置小抽屜的櫃子，再裝飾許多綠色植栽。將支撐調節器貼上鐵鏽圖案紙膠帶，在2×4角材上塗上拋光上色蠟，呈現出帥氣的感覺。

另外，樓梯貼上寬200mm紙膠帶，打造出黑板風格，再使用木紋遮蓋膠帶增加設計感。

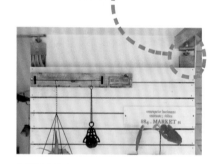

寬度較窄的屋樑也適用調節器

在調節器貼上
有鏽蝕感的紙膠帶

加裝橫條木板，以雜貨裝飾電視上方空間，也能收納日用小物。板材使用便宜的杉木材。

加上毛巾架，以綠色植栽妝點

在2×4角材上鎖入螺絲，設置櫃子，分類收納充電器及電池，需要時馬上就能找到。

使用遮蓋膠帶
及紙膠帶打造自然普普風！

樓梯踢板貼上
消光黑色的寬幅紙膠帶
及木紋膠帶

使用粉筆在消光黑紙膠帶上寫文字或繪畫。木紋遮蓋膠帶重複撕下再貼上。

增添人造植栽及白色布置，營造清爽氛圍

在完成的電視區，往後移動幾步拍照，檢視要增加還是減少物品。雖然喜歡紅色，但因為視覺上過於強烈，便改裝飾在麻繩上，並將一部分LOGO塗成紅色。

樓梯及電視區使用角料支撐調節器
及紙膠帶完成有個性的裝飾！

2×4角料支撐調節器在天花板有高
低差的狀況，也能輕鬆架設柱子。

實現夢想中的衛浴空間
以玻璃瓶及銀色物品增添潔淨感

使用角料支撐調節器與層架，
DIY洗潔劑及清掃用具的收納架，
洗臉台周圍也重新改造。

重現喜歡的演員所演出的廣告場景，打造出理想的衛浴空間。製作了洗潔劑及打掃用具的收納架後，變得比以前更喜歡打掃，感到很滿足。

使用層板支架，安裝層板。最上層以童話故事般的可愛場景為主題進行裝飾，層板下方安裝掛物架，第二層擺放洗衣夾、小蘇打與碳酸鈉的噴霧瓶。第三層放置太白粉、明礬等粉狀物，以及肥皂。

老實說，我經常會在幻想的世界中發想如何布置居家裝潢。衛浴空間是看了喜歡的演員所演出的電視廣告而獲得靈感，想像他拜訪我家的情景而設計。

空間規畫的重點在於不使用太多的顏色，提高潔淨感。特別是打掃用具要注意衛生，使用透明的瓶罐，以及帶有潔淨感的銀色。安裝有星形裝飾框的照明，使空間明亮，試著打造出置身於商店內的感覺。洗臉台周圍貼上地鐵磚紋路的壁紙，並製作收納籃。

洗臉台周圍的樣子。於紙膠帶上方重疊貼上雙面膠，與合板相接，再貼上地鐵磚紋路的壁紙。名牌板上寫著「回到工作崗位前，請先洗手」。洗臉台下方放置收納籃。

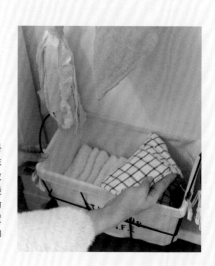

最下層也加裝掛物架及掛勾，掛上除塵撢子及抹布。並列的籃子左邊是放置未使用過的抹布、右邊則收納吹風機、刮鬍刀的充電器等物品。營造出置身在商店內的感覺，收納的同時也兼具展示效果。

以角料支撐調節器
製作有深度的置物架

將2×4角材2至3片結合成側板，作成較深的置物架，
便能整齊地收納藏書。搭配可移動的收納架、安裝吊
衣桿成為衣櫃等等，以各種不同的組合，完成獨一無
二的收納架。

使用方法

3 　將步驟1組合好的側板架設於想擺放的位置，使用
攻牙螺絲固定端部零件。調整至喜歡的高度，以攻
牙螺絲固定層板支架完成。

1 　準備比天花板到地板高度短約60mm的2×4角材4
片。2片2片並排，在木材裁斷處安裝金屬零件，
以螺絲固定，製作柱子。

2 　在2×4角材地板側的裁斷處，貼上如圖的防損
傷·滑動墊片。

以角料支撐調節器進行DIY與原創裝修
使用洞洞板,打造工具收納架

在工作室的牆面製作收納架,
展示兼收納愛用的工具。

14

M小姐

以紐約的LOFT風為概念
打造出煥然一新的自家工作室

洞洞板收納、櫃子、
閣樓風窗框、桌子、椅子、工具推車、
全部由我親手製作。

我居住在獨棟房屋，5年前剛建造好時，因為喜歡歐風家飾，而買了有虎腳的家具。但是經過一年，喜歡的風格改變，希望在居家裝潢上有所改變。

那時候，雖然連工具都沒有碰過，但是想要自己試著製作家具。一開始就製作大型家具是很困難的，所以先從改造百圓商店的雜貨開始入門。我是屬於馬上就想看到結果的人，希望能早日

上手，從小型物品開始，重覆地練習使用油漆、模版印刷、螺絲、鐵鎚等工具。以這樣的方式進行半年後，漸漸能開始製作大型物品。工具也在這期間慢慢備齊，能施行的工法也變得豐富，現在幾乎每天都會去逛材料行。

這個工作室是我很重視的場所。作業台及窗框也都是親手製作，在此介紹兼具展示及收納功能的工具架。

使用角料支撐調節器安裝層架
擺放上喜歡的英文書

使用支架在喜歡的位置上安裝層板。搭配米白色的調節器2×4角材塗上白色油漆。

客製化的支架很方便！

使用洞洞板掛勾展示工具
鑽頭收納架是我的得意之作

排列著直角尺、夾鉗、鎚子、扳手、螺絲起子、小掃帚、筆記紙、扁嘴鉗、捲尺、起子鑽頭。

在洞洞板的前方設置收納櫃
收納電動工具及螺絲類零件

收納櫃中，放置螺絲起子及線鋸機。門後方能懸掛工具，櫃頂可以當作作業台使用。

DIY帶有紐約LOFT風的格子鐵窗

使用鐵鏈固定在可開合的木框，製作剛好的尺寸，嵌入即可

即使放滿工具，也要注意擺飾的美感

將人造植栽放入三角燒瓶，畫筆及模版印刷用筆放入市售的細長遮光瓶收納。

M小姐

架設在客廳角落的鋼琴旁
使用單根柱子增添空間的深度

在客廳一角，放置女兒的鋼琴側邊，以角料支撐調節器立起單根長柱製作展示架
放置著女兒鋼琴的客廳角落，帶有古典氛圍的空間，在此設置了輕巧不占空間的展示架。

我喜歡紐約風格的居家裝潢。混搭歐美、日式、亞洲等，各種不同國家的風格，打造出俐落帥氣的空間氛圍。

3至4種顏色作為底色、主色、副色、重點色，考慮整體調性，進行配色。

在擺放鋼琴的空間中，以第三層層架擺放英文書為前提，使用支撐調節器製作展示架。在第一層層架的左右側放上有高度的雜貨，第二層擺放相框。單色調與木材質感，營造出古典風格。雖然是小小的展示架，也能

改裝時想像每個房間的完成圖，發想不同空間的呈現方式，來設計空間。擺放物品的技巧是先依高度差配置物品，接著，相同的物品陳列複數、不同顏色，營造出店鋪般的時尚氛圍。選定為空間增添活潑氣息。

在牆壁較薄的空間，
使用調節器與2×4角材製作展示架，
成功增加空間設計的立體感。

裝飾空氣鳳梨等綠色植物的
寶貴空間

使用支架製作出高低差擺飾植物，讓整體協調性更好。以同色系排列各層的雜貨。

水族箱及觀葉植物
與深處的壁爐裝飾互相輝映

過去隔間牆分割了空間，使兩邊裝潢看起來難以協調，令我感到困擾。
展示架的位置有考量到植物高度及女兒伸手可及之處。

黑白色調的英文書是展示的主角

這是一本介紹攝影技巧及創意的書，考量外觀而成為展示的主角，和樂譜及相框的調性一致。設置ㄇ字釘作為書擋。

嵌入層板的單柱展示架作法

材料

2×4角料支撐調節器、2×4角材、水漆、木器塗飾油等。

1　搭配層板的厚度，在2×4角材上以鉛筆作記號，使用滾邊機刻出能嵌入層板的溝槽。以夾鉗固定其他的木材，輔助對齊，筆直地切割。使用磨砂機或砂紙去掉毛邊，整形。

2　2×4角材塗上水漆，層板塗上木器塗飾油。若重疊塗上深色水漆，能呈現出濃厚無光澤的質感。

3　在步驟1製作的溝槽中嵌入層板，若不易嵌入，可使用鎚子敲打。從背面左右兩處，開底孔後鎖上木螺絲固定。使用2×4角料支撐調節器確實地固定在天花板及地板。

M小姐

讓下廚更開心的木製收納架
為環繞不鏽鋼及金屬的空間帶來溫度

因為希望能開心地作料理，使用角料支撐調節器與木框設置大容量的收納空間

在瓦斯爐前的牆壁上立起支柱，吧台窗嵌入木框，製作大容量的收納空間。

尺寸剛好的
木製收納架
也可以收納餐具

搭配吧台窗的尺寸，
設置1×8角材的架
子。收納架左右對
稱，能作立體收納。

使用角料支撐調節器製作工具架
及嵌入木框的收納架，
在水槽周邊貼上黑色磁磚貼，
打造空間重點設計。

在水槽周圍服貼地貼合
黏性低容易撕下的
黑色磁磚貼

在層板加上鉸鏈，裝上掀
蓋。在收納櫃中的杯子圖
樣與磁磚的顏色相呼應。
市面上有許多種類的黑色
磁磚可以選用。

我會隨著季節變換，改
變居家裝潢，原因之一是要
更新部落格及Instergram。

自從將自己的作品放上社群
網站後，看我發文內容的人
數增加，我也很開心。想要
把自己的新創意拍下來給更
多人看，所以幾乎365天都在
不同房間進行改造。

想要改造廚房的原因
是，希望能在充滿不鏽鋼及
鐵等金屬器具的空間中，帶
入木頭材質的溫度。同時也

雖然說是收納，注意居
家裝飾的要素也很重要。不
僅使用上順手方便，外觀看
起來漂亮，也能讓繁瑣的家
事變得有趣。

是為了在料理時，能馬上取
得要使用的工具以及調味
料。因此使用調節器與2
×4角材，簡單地製作出料
理台上的收納架。為了呈現
出俐落的整體氣氛，在不鏽
鋼上方，貼上磁磚貼也是設
計重點。

材料

角料支撐調節器2組、2×4角
材2片、層板、黑色與棕色的
噴漆、木器塗飾油、懸吊架、
層板支架、S型掛勾、木螺
絲、海綿刷。

step 2

step 1

將角料支撐調節器附
彈簧的零件裝於天花
板側，另一個零件裝
於地板側，安裝
2×4角材。往天花
板壓緊固定，地板側
也頂著牆壁，確認位
置及角度。

以海綿刷沾取木器塗
飾油，塗於木材上。
使用以植物油為基底
的護木油，能保護木
材，更加突顯木紋之
美。

將角料支撐調節器噴
上一層黑色噴漆，待
乾燥後再噴一層棕色
噴漆，目的是製作出
鐵鏽的感覺。

層板支架放於層板下
方，以螺絲固定於
2×4角材。層架下
方再以附屬的螺絲固
定懸吊架。

層板支架的長邊，使
用配件螺絲固定在層
板背面。

將廚房層架的層板位置提高
就不用擔心沾附油漬

角料支撐調節器能確實固定天花板及
地板，十分穩固。可以依設置場所不
同，調整層板及懸吊架。

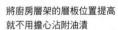

噴塗顏色
自由變化風格！

將料理時需要的工具盡數收納的廚房收納架

層架上放置香料及調味料，懸吊架上並排著料理用的器具。選用有質感的掛勾，
空間氛圍也會跟著改變。

將書房的牆面分成讀書區與遊樂區

使用角料支撐調節器架設3根柱子，左邊以鐵絲
網及塗上黑板漆的木板裝飾，右邊則是安裝層
板。

使用層板及鐵絲網
有效利用三兄弟書房的牆壁

不只有學習工具及背包的收納處，
還設置了畫畫及展示空間，
讓孩子們也很欣喜地說「好棒啊！」

我們家是在8年前購買的大樓公寓，與先生及3個小孩生活在一起。大約2年半前開始自己動手打理居家裝潢及DIY，一開始的作品是使用木條踏板製作壁櫥收納櫃。在那之後，我持續將自己製作的物品公開在社群網站，傳播到世界各地。

經常有人問我：「一邊帶三兄弟，最小的小孩還很小，要用什麼時間製作居家裝潢呢？」實際上，我沒有完整的時間，都是利用零碎時間，慢慢地進行製作，完成作品。

這個書房只有5張榻榻米大，老大不喜歡弟弟碰自己的東西，想要有專屬的收納空間。但是市售的櫃子太大，擺放在房間中，空間會變得狹小。想在牆壁上安裝收納櫃，因為水泥上方直接貼了壁紙，也無法釘圖釘。所以使用角料支撐調節器立起柱子，就能運用整面牆來組裝收納架，打造出不同的空間。

上下1組的零件，讓木材與天花板和地板緊密接合。

使用角料支撐調節器立起的柱子上裝飾帶有男孩氣息的雜貨

木材塗上木器塗飾油（深胡桃色），釘上釘子，在朋友手作的雜貨上插上人造植栽，使用鐵鏈裝飾。

裝飾自己的寶物安裝上夾文件的夾子

層架上展示著顯微鏡及相機。大兒子與二兒子的椅子前方，分別安裝了夾燈及夾子。

沒有要塗鴉黑板時以掛勾收納背包

背包上方的籃子裡，在晚上補充手帕及紙巾，外出時拿取非常方便。

為了開始在意外表的大兒子以S字掛勾懸吊上鏡子

外框作仿舊處理的鏡子是朋友的作品。使用人造植栽，以捲曲的樹枝前端裝飾鏡子周邊。

將三兄弟的物品以盒子分開收納掛上小孩的繪畫作品裝飾

如果有層板，排列上收納盒及籃子，就能整齊地收納工具。也裝飾上小孩的繪畫作品。

T小姐

在寢室使用角料支撐調節器
打造出令人想外出及閱讀的置物架

背包、棒球帽以及軟球，擺放在活力充沛的二兒子伸手可及的高度。右邊懸吊著螺絲扣，下層的書架由內側，以釘子將合板釘於柱子上，再貼上地鐵磚圖樣的壁紙，並以人造空氣鳳梨妝點。

在預計排放床鋪的三兄弟寢室牆面，使用角料支撐調節器製作置物架。木材部分使用木器塗飾油塗裝，也固定上鐵棒，作為哥哥的掛衣架及弟弟的繪本書架使用。

三兒子最喜歡莫里斯·桑達克的繪本《野獸國》。擺放在伸手可及的高度，希望能養成小孩睡前閱讀的習慣。兄弟三人雖然會吵架，但也能帶給弟弟好的影響。

掛勾以紙膠帶裝飾
看起來變得輕巧

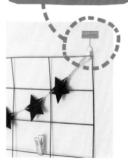

能夠以訂書針安裝的掛勾，優點是在牆壁只會留下細小的痕跡。但是因為會在意掛勾的外觀，所以使用喜歡的紙膠帶裝飾。

上層是喜愛物品的展示空間，
中間懸掛衣服跟小物品，下層是書架，
省空間的置物架能收納很多物品，

進入玄關後，右側是三兄弟的寢室。目前是鋪和式被墊，之後預計換成上下鋪。但是其中一面牆壁已經製作成衣櫥，再擺上床鋪以外的家具，房間會變得太過狹窄，因此使用角料支撐調節器在牆面製作收納架。

上層展示雜貨及人造植栽、小孩們喜歡的物品。因為希望培養小孩睡覺前讀書的習慣，下層製作較大面積的書架。

右側使用能夠以釘書針固定的掛勾，安裝鐵絲網。掛勾以漂亮的紙膠帶隱藏。

使用角料支撐調節器立起單柱
收納料理用具

即使是空間受限的大樓公寓，
只要立起一根柱子，
就能吊掛工具，讓作業台更加寬敞。

只要使用角料支撐調節器架設一根柱子，就可以釘上掛勾及鎖螺絲，用以收納廚房的各式用品。

我特別想要解決流理台上很佔空間的廚房紙巾收納，而想出了這個方法。同時也能將廚房剪刀、隔熱套、隔熱墊整理收納在瓦斯爐旁直立的柱子上。將充滿生活感的廚房整理得乾淨俐落，讓我感到開心。

同時也購入了馬賽克磁磚貼，直接撕下後貼上即可，呈現出的氛圍就和真正的磁磚一樣。因為貼合的底材不同，可能會有難以完整撕下的情況發生，若往後需要回復原狀，要特別注意。

以角料支撐調節器立起的單柱可以釘上掛勾，懸吊收納各種廚房用具。牆面貼上磁磚貼，將調味料及辛香料排放在自己製作的架子上，廚房空間變得寬敞，使用上十分方便！

使用鋼製支柱這種原本用以支撐地板的配件，製作調味料架。原本是喜歡自然系風格，但木材層板搭配金屬調節器及黑色磁磚貼，也能給人俐落的感覺。瓶子貼上標籤也很有質感。

優點是能收納想要懸掛在柱子上的物品

在空間有限的大樓公寓裡，以角料支撐調節器架設柱子，設置收納及層架空間的方法，非常有效果。除了生活用具之外，裝飾人造植栽等物也很方便。雖然是廚房，也別忘了兼具美觀。

為廚房帶來潔淨感的馬賽克磁磚貼
充滿光澤感

在靠近天花板的牆壁上，使用紙膠帶或雙面膠貼合地鐵磚圖案壁紙。瓦斯爐前方的馬賽克磁磚貼若貼於PVC材質、有塗裝的表面、橡膠、紙製壁紙、玻璃窗、有塗裝或貼皮的合板，可能會產生不易撕除的問題，請避免貼合於以上材質。

夢寐以求的有天蓋的床，猶如置身在渡假勝地或飯店，能夠休憩放鬆的空間

在單調無趣的寢室裡，使用角料支撐調節器架設木條，製作天蓋。天花板側的零件被隱藏在木材包覆之下。
（※為了不傷害天花板，建議將角料支撐調節器靠牆設置。請確認建築底材後再使用。）

利用休假時間製作的
MACRAME花邊結
裝飾天蓋

MACRAME在阿拉伯語中意為「流蘇」，也是流傳到歐洲的手工藝，將繩子打結編織出各種花樣。

N小姐

完成附天蓋的床鋪
營造出峇里島風的渡假氛圍

使用角料支撐調節器立起4根2×4角材，

床鋪加裝天蓋，

自家住宅也能如度假般放鬆。

我住在寧靜的住宅區中，屋齡六年的獨棟房屋中有先生、大兒子、二兒子、我的母親，五個人生活在一起。透過社群網站分享居家裝潢已經有兩、三年的時間。與先生一同放假的週日，夫婦倆會一起DIY。主要由我測量尺寸，進行設計，製作是和先生一起完成。

這間寢室原本除了兩邊有裝飾架及置物梯架之外，上方的零件。

因此，使用天蓋讓床鋪自然地被包覆，營造出峇里島風的放鬆空間。將原本橫向擺放的床改為縱向，周圍使用角料支撐調節器立起4根柱子。若不處理便會露出柱子，因此製作橫樑，隱藏

沒有太多的裝飾，是很單調的空間。根據風水，門打開的瞬間，直接看到床是不太好的，而且也不是我喜歡的配置。

在靠近天花板處裝上橫桿，吊掛床幔

懸吊在橫桿上的圓形飾物，是流傳在一部分美洲原住民文化中的捕夢網。
吊掛在床鋪上方，能保護我們遠離惡夢。

床鋪右側擺設三角置物架
牆面貼上壁貼

在圓管形摺梯上放層板作成的三角置物架，以秘魯胡椒等人造綠色栽植裝飾。也擺放上綠色的裝飾相框。

床鋪左側擺設置物梯架

為了提昇小島度假的氛圍，裝飾漂流木及海星等海邊小物，以及蠟燭、人造植栽等物品呈現自然氣息。

請先生協助在2×4角材的柱子上
加裝床頂的框及樑
也能遮蔽角料支撐調節器

在角料支撐調節器架設的柱子之間，以橫條木板連接，再於柱子與橫條木板之間安裝斜樑補強。如此一來，承受橫向力量的強度也會增加。

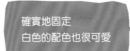
確實地固定
白色的配色也很可愛

由於不易進入視線範圍
下方的零件就保持原狀

將床幔集中於柱腳附近，因為床幔與角料支撐調節器同為白色系，不會太顯眼。

二兒子希望呈現「客廳風格」
在小孩房製作了帥氣的置物架

架設起2根2×4角材的柱子，排列上橫條木板，
在小孩的書桌前方製作置物架，
享受隨著小孩的成長變化展示物品的樂趣。

二兒子希望擁有以展示為主的置物架，考慮到現在是小學低年級的二兒子，上了高年級後，玩具的喜好也會改變。所以，使用角料支撐調節器製作即使擺飾各種不同物品的帥氣置物架。

我是最近才開始改造小孩的房間，因為二兒子希望「從孩子氣的房間變成有客廳風格的房間」，所以以打造這樣的空間為重點，進行設計。

由於使用木材，為了不讓牆面過暗，便增添了明亮色系的小擺飾。擺上購入人造植栽時附送的動物袖珍模型，營造出有趣的感覺。左右未來打算製作有柱腳的置物架。二兒子開心地說「我喜歡帥氣的感覺」，完成了酷感十足的置物架。

**在不須站起就可及之處
擺放能放置文具的收納盒**

容易雜亂的文具放入鐵盒後，排列在收納架上保持整齊。鐵板材質的雜貨能增添恰到好處的帥氣感，是我最近的心頭好。裝飾上垂榕等人造植栽，營造輕鬆休閒的氣氛。

層板以格子狀組合，扮演如同相框的功能

中央的格子擺上相框，右上方裝飾模型，每個格子裝飾不同風格的物品。

**運用角料支撐調節器
讓牆面保持整齊俐落**

與桌子保持相同寬度
立起柱子
橫向擺放木板
桌子使用1×4角材製作
與橫條木板相同

看起來好像很費工夫，但是牆面及地板一個螺絲都不需要。左側的牆壁以人字形排列1×4角材。

窗簾滑軌上加上層板，打造出雜貨的展演空間

排列著以LOGO為主視覺設計的相框、綠色植物、蕃茄醬及黃芥茉醬的瓶子，打造出色彩繽紛且男性風格的空間。也可以懸吊綠色植物。

**高腳床旁打造出
充滿童心的夢幻風格**

三角旗裝飾及色彩繽紛的抱枕，搭配上我最喜歡的魚骨拼木裝飾相框，添加成熟韻味。

普通的置物架太無趣，所以設計成帥氣的斜格

以紙膠帶及雙面膠貼合水泥圖案壁紙，作整體搭配。
使用只會殘留極小痕跡的掛鉤吊掛時鐘。

使用2×4角材立起柱子安裝置物架及門欄，
布置上白鐵、鐵製物品及綠色植物，
打造自然又帥氣的室內設計。

N小姐

輕鬆地動手作
樓梯旁的置物架與寵物用門欄

在網路上分享作品時，如果獲得好的反應，就會越來越有自信。因此，我也變得喜歡不斷地變換風格。調整居家布置的訣竅在於拍下整體的照片，觀察協調感。

上月曆，最後在最上層的展示空間排列裝飾品。往後退觀察置物架整體，覺得比較空的位置，試著陳列收集品來完成。不須整齊排列，作出高低差，畫面的呈現會更好。

客廳的置物架及樓梯門欄是最近的作品。製作置物架時我的重點，視下層裝飾來決定。大致上已經決定擺放於鐵製橫桿後的雜誌，並在魚骨拼木板上裝飾人造植栽，兩側增添小物，接著擺

因為家裡的迷你臘腸狗爬上二樓後就下不來，樓梯加裝門欄是為了不讓狗兒上樓。左右側安裝角料支撐調節器架設柱子，再加上百葉扇門欄即可完成。

準確地測量第一個製作的直角，就能完成美麗的魚骨拼木圖案

使用人造植栽，從左邊開始是鹿角蕨、空氣鳳梨、垂吊空氣鳳梨，盡可能地隱藏住根部，裝飾起來就像真的植物一樣。插在漂流木作品上，打造出苔球風格的擺飾。

以不同角料支撐調節器所架設的柱子
自然地連接起來
中間夾入木材

即使是分開製作，空間能有一體感是重點。加上人造的白色茸毛苔蘚，呈現自然氣息。

將SPF板材組裝成盒狀
隱藏角料支撐調節器

收納架的背板是建築時張貼的磁鐵板，使用紙膠帶與雙面膠貼合水泥圖案壁紙，營造粗獷感。

雜誌架使用
百圓店購入的毛巾架

展示架本身可以鎖上螺絲，裝設各種零件，也可以擺飾雜誌及自家的原創菜單。

使用薄木板製作收納架時
將角材當作支架補強
裝飾舊開瓶器
及改造後的鐵罐

在2×4角材的前方安裝鐵製零件，周圍放置人造的白色復古風迷你佛甲草及空氣鳳梨裝飾，打造空間設計亮點。

收納架上方
擺放喜歡的萬用月曆

在大物品旁擺放小物，整體的協調感會更好。柱子上加裝鐵勾，能吊掛收納包包。

只要立起4根柱子
就能組裝書架及裝飾架
連寵物的門欄也能製作！

使用兩種品牌的角料支撐
調節器各立起2根柱子，
並排製作。

深棕色零件
打造出有陽剛感的裝潢

角料支撐調節器的顏色選擇豐富

角料支撐調節器米白色、青銅
色、復古綠3種顏色。搭配帶有男
人味的裝潢，我選用了青銅色。

為了與收納架前方統一
將樓梯前方設置成箱狀

門擋使用百葉扇，營造輕巧的
感覺。

容易貼合
底部也很堅固

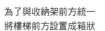

樓梯的踢板，
貼合木板及磁磚，統一外觀。

將可撕式馬賽克磁磚貼（象牙色）安裝於踢
板部分，讓木頭不過於單調，有畫龍點睛的
功用。

木製柱腳
即使碰撞也不會受傷

O小姐

運用角料支撐調節器及洞洞板
製作收納拉門的牆面

為了避免廚房的拉門夾到小孩的手，
使用角料支撐調節器製作牆面。
前方可以當作收納空間使用。

設置在客廳的一角，位於拉門及門之間的小空間。因為右側是拉門，希望最小的孩子手不要被夾到，想找出保護的方法。以前放置了舊的日式傳統餐具櫃，但是因為更換新的餐桌，覺得餐具櫃太大有點佔空間，所以改以角料支撐調節器製作牆面。

使用雙面膠牢牢地貼合，避免掉落。中間嵌入洞洞板，以專用掛勾作簡單的收納。下層作為書架，老么能馬上拿取繪本。防止書本掉落的橫桿若固定於柱子上，擔心小孩可能會當作梯子來爬，所以製作了能簡單取下的裝置。表面貼上「量尺」圖案膠帶，呈現可愛童趣面。

柱子背面貼上合板當作背板。最上層放置舊工具，感。

洞洞板放上許多掛勾

復古風格信箱用來收納學校的文件，露營使用的飯盒則放置空調及電視的遙控器。

讓人不得不注意的復古綠

角料支撐調節器
選用復古綠

復古綠不單單只是綠色，也能營造氛圍。能突顯木材及植物、人造植栽裝飾。

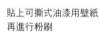

預防小孩被木刺扎到
而貼上了膠帶

下層作成書架
小孩能夠容易拿取繪本

為了避免孩子被木刺扎到，在防止書本掉落的橫桿貼上量尺圖案遮蓋膠帶。

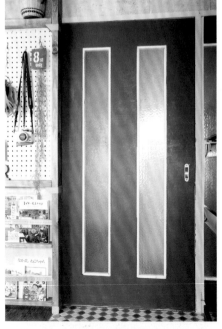

貼上可撕式油漆用壁紙
再進行粉刷

原本是白色的廚房拉門，貼上可撕式油漆用壁紙後上漆，要復原時也能簡單地撕下，不費工夫。

使用角料支撐調節器及洞洞板
親手製作置物架

使用角料支撐調節器立起2×4角材柱子
2根，背面固定上合板及洞洞板，拉門拉
開時能收納在置物架後方

壁紙上方貼上黏貼式鏡子

想在一般日本製的塑膠壁紙再貼一層壁紙或壁貼時，推薦使用可撕式粉狀膠水貼合，之後撕下時能保持乾淨。調整鏡子的位置，讓大人及小孩用起來都開心。

O小姐

拆除位置太高的收納空間
打造小孩方便使用的洗臉室

使用角料支撐調節器
及可重覆黏貼壁紙
打造煥然一新的洗臉室，
將原本狹小到連錯身都困難的空間
變身成為舒適的小天地。

米白色與灰泥風塗料
十分相襯！

以角料支撐調節器立起的木材柱子塗上灰泥風塗料

灰泥風塗料能簡單呈現出灰泥的質感。另有木材及金屬等各種不同質感的塗料可以使用。

黏貼式掛勾
也能貼於壁紙及門上

貼於壁紙上的可撕式掛勾相當牢固

能吊掛500g以內的物品，足以承受漱口杯的重量，也可以掛毛巾。

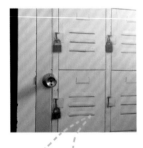

在左前方的廁所門上使用紙膠帶及雙面膠貼上置物櫃圖案的壁紙

置物櫃圖案壁紙，不織布材質。

如果不是要貼於塑膠壁紙上方
則推薦使用紙膠帶及雙面膠！

若要貼於塑膠壁紙上方，可使用可撕式粉狀膠水，其他材質可以使用紙膠帶或雙面膠，或是可撕式雙面膠。

因為是很受歡迎的圖案
也有壁紙以外的產品！

洗臉室的右側牆壁，原本放置了舊式的鏡櫃，是小孩伸手無法觸及的高度，所以需要使用踏台才能拿取牙刷。每天早上孩子們撞在一起，搞得一團亂，因此我拆除了牆壁上的收納台，全面改造洗臉室。右側在窗邊以角料支撐調節器立起單根柱，安裝上瓶子，用以收納牙刷、化妝棉等盥洗用品。重貼壁紙時使用了可撕式粉狀膠水，門貼上孩子們喜歡的置物櫃圖案。

左側使用黏貼式掛勾，掛上毛巾及漱口杯，廁所的圖案。

貼上黏貼式鏡子，看起來像隨與擺飾的相框一樣，鏡子照起來的感覺也比想像中好。位於中央的洗臉台週邊貼上黑色磁磚貼，呈現俐落感，仙人掌圖案壁紙增添活潑氣息。

使用水管夾安裝瓶子收納牙刷

灰泥風的柱子與古董風的瓶子風格相襯，我很喜歡。

使用角料支撐調節器架設單根柱
製作小孩伸手可及的收納空間

活用不需要螺絲就能安裝的黏貼式掛勾、黏貼式
鏡子、磁磚貼，變身成為夢想中的衛浴空間。

角料支撐調節器是租賃房屋的好夥伴！
在狹窄的走廊上也能收納孩子們上學的用品

整理客廳及小孩房，減少找東西的時間，希
望能改造成更方便兼具美觀的空間。

O小姐

容易散亂的上學用品
整齊地收納在玄關側邊

使用角料支撐調節器有效利用
玄關與客廳之間的死角，
確定吊掛書包的位置，
減少孩子忘記帶東西的問題。

以L型金屬支架
固定層板
釘上掛勾
作為帽架

使用角料支撐調節
器製作的柱子，若
放入橫向木板，能
提昇穩定度。

米白色與周圍空間
融合在一起

確認天花板強度，準備比天花板短95mm的2×4角材

在2×4角材的上下方嵌入調節器，鎖上調節螺絲，注意不要傷到
天花板，壓合固定，簡單地完成柱子。

在大門貼上
可撕式壁貼

可撕式產品的適用場所及使
用方法，會有所差異。請仔
細確認，若擔心請先在不顯
眼的地方試貼。

在屋齡49年的租賃住宅區裡，夫婦與小孩共四人一起生活。最初只是當作搬入獨棟房屋前的暫時居住地，但開始進行DIY後，居住空間變得愈來愈舒適。

最小的小孩去年才剛出生，正是需要照顧的時期。

「光是照顧小孩就十分辛苦，還能DIY真是厲害啊！」常常聽到大家這樣對我說，每次在改造空間時，小孩會開心地說「變漂亮了呢！」他們的笑容是我的動力。

即使是連接玄關與客廳的狹窄通路，也能一下子就作出收納空間。主要用來收納小學四年級的兒子與一年級的女兒上課的用品，作業寫完後，也可以在這裡整理書包。客廳及小孩房也變得整齊乾淨，也會減少上學出門前「忘了帶那個！」的慌亂場景。

因為家族成員多，東西放置的場所，讓大家都能方便使用很重要。角料支撐調節器不會在牆壁及天花板留下傷痕，能有效活用有限的空間，是租屋族的好夥伴。

中間位置加裝不鏽鋼掛衣架，掛上兩位小學生的冬天外套

因為有固定放置的位置，讓早上的準備工作更順暢。

與客餐廳有一小截落差的
和室兼遊戲室隔間

使用角料支撐調節器立起柱子，製作隔間。
隔間的另一邊是玩具置物空間，也有防止跌
落的功能。

為與客廳相鄰的和室
增設遮蔽視線的隔間，
喜歡閱讀的女兒也及學習打鼓的兒子
也能和睦地使用。

製作客餐廳
與小孩遊戲室的隔間

我們家是10年前新蓋好的獨棟建築。以擁有自己的家為契機，夫妻倆對室內裝潢也有興趣，透過DIY慢慢地改造了家裡。

特別是這一年來，我們陸續製作家中各個角落的內部裝潢，舉例而言就是這個客廳與和室邊界的隔間置物架。和室是10歲的兒子與7歲的女兒遊戲的場所，但是從旁邊的客廳直接可以看到整個空間，所以希望能作點改變。另外，兩個孩子都開始學習才藝，也希望有空間能收納工具及包包，所以製作了隔間。

在有小段差的和室邊緣，使用角料支撐調節器立起2根柱子，下側鋪設腰壁板，隱藏玩具置物空間。加裝收納書本的口袋及能吊掛包包的掛勾，上方加上層板，作為雜貨的展示空間。

因為有隔間，從客廳看過來變得整齊乾淨。不但達成原本的目的，也增加了收納空間，我們非常滿足。

隔間的一部分，為了喜歡閱讀的女兒，製作成書架

只需在角料支撐調節器立起的柱子上，以螺絲固定龜甲網，作成口袋就完成。露出喜歡的書本封面，排列收納。小落差可當作椅子使用。

隔間中間位置裝飾雜貨
成為目光焦點

由於是在小孩遊戲室的邊緣，使用顯眼的紅色來引起注意。橫條紋、圓點、點點蕾絲圖案並排。

在籃子及改造鐵罐中
裝飾人造植栽

籃子及仿舊處理的鐵罐中放入人造植栽。不需要擺滿全部的格子，注意上下的線條來搭配。

吊掛兒子學習才藝的包包

為了能吊掛放入鼓棒的包包，在2×4角材製成的柱子上安裝鐵製掛勾。出門時馬上就能順手拿取。

外表美觀、可以選色的角料支撐調節器，
搭配鍍鋅鋼板、鐵絲、PC材質、
鐵棒、百葉窗等元素也很適合。

K小姐

客廳設置隔間
將書房打造成咖啡廳風格

我與先生兩人生活在屋齡三年半的獨棟住宅，位置接近兩個市區，是近幾年開發的區域。住家附近開了時髦的老屋咖啡廳，而離車站遠一點的地方，能看到過去的傳統景色。

最初是從在中庭擺放植物置物架，及布置玄關三角架開始。之後，我才感覺到自己動手完成喜歡物品的魅力，然後迷上了DIY。在網路上看到許多人的房間及作品，試著模仿他們營造出的氣氛。先生的爺爺是木工，因此他從小孩時期就會使用鋸子。

在一樓深處的先生書房及寬敞的客廳之間，原本有附腰壁板的低隔間。在此使用角料支撐調節器設置延伸到天花板的隔間，能完全分隔先生的書房，打造出如同祕密基地的空間。

自然灰杏色的
角料支撐調節器

簡單地區隔開客廳及書房

書房位於客廳的深處，在原本就有的腰壁板上方加裝隔間，提昇「祕密基地感」。

因為是以鐵絲搭配窗戶的寬隔間
既能各自專注在自己的事，又能順暢溝通

隔間的設計自由隨興。各自保有自己的空間，又能一邊聊天談話。

以鍍鋅鋼板及人造植栽裝飾，呈現有趣味性的設計

運用鍍鋅鋼板及鐵絲網營造質樸氛圍。裝飾上捲曲纏繞的枝葉，完成喜歡的空間風格。

背面簡單俐落，讓先生能順利進行工作及興趣

先生書房的牆面大量展示了喜歡的雜貨及小物，DIY製作的隔間背面，反而乾淨簡單，沒有放置太多物品。

LOGO與壁紙的搭配
呈現一體感，俐落鮮明！

在原本就有的低隔間上使用可撕式粉狀膠水貼合腰壁板圖案壁紙。最上方也加上「SLOTH（樹懶）COFFEE」的LOGO。

消除死角
以雜貨及綠色植栽妝點空間

以鐵絲網及PC材質為主要設計，也安裝上鉸鏈窗戶、能懸掛人造鹿角蕨的鐵製掛物棒、能裝飾雜貨的收納櫃。

使用角料支撐調節器
親手製作漂流木包包掛架

將日漸增多的包包
收納裝飾在飯廳旁的空間

這裡也發揮角料支撐調節器的功能。除了以前
貼合的水泥牆圖案壁紙之外，還增加仙人掌、
置物櫃圖案壁紙。

在單根柱上，釘上漂流木，製作成包包掛架。
使用可撕式粉狀膠水，貼合進口壁紙。

角料支撐調節器的使用方法很簡單，首先裁切比樓層高度少95mm的2×4角材（38×89mm），兩端嵌入角料支撐調節器，將柱子垂直立於天花板及地板之間，上方的調節螺絲以俯視角度順時針方向鎖上，緊壓固定。調整的訣竅是最上方的「天蓋」及「上蓋」之間的空隙控制在最小範圍32mm，再緊壓。「天蓋」及「上蓋」之間的空隙如果超過50mm，就需要重新量尺寸，調整木材的長度。

我使用自然灰杏色的調節器，製作包包掛架。因為包包一直增加，希望設置在出門時方便拿取的飯廳附近。為了確保有足夠空間，以漂流木作為裝飾重點，打造外觀可愛的視覺陳列。左側的牆壁使用可撕式粉狀膠水貼合人氣進口壁紙。

使用可撕式粉狀膠水
貼合進口壁紙

仙人掌圖案壁紙作為妝點
置物櫃圖案壁紙貼滿整面
改造出煥然一新的空間

使用進口壁紙，最上層是仙人掌圖案，下方右側是置物櫃圖案。

使用調節器立起柱子
將空隙處打造成收納空間！

角料支撐調節器
功能性優良
外觀也很時尚

角料支撐調節器安裝簡單，很適合改造居家裝潢的初學者使用。漂流木掛勾掛人造植栽——灰白色毛茸茸松蘿，充滿自然系氛圍。

可撕式粉狀膠水
使用後經過一段時間
也能容易地撕下

若使用在塑膠壁紙上方，即使經過一段時間也能簡單撕下。殘留在牆上的膠水，以水擦拭就能清除乾淨。

可撕式油漆用壁紙的使用方法&包包掛架的作法

材料

2×4角料支撐調節器、需求長度的2×4角材（圖中是裁短的尺寸）、漂流木、掛勾、羊眼螺絲、木螺絲、L型零件、塗料等。

step 2

1 於2×4角材塗上拋光上色蠟，以木螺絲固定漂流木。觀察整體協調感，先在要固定漂流木的位置上作記號，方便作業順暢進行。

step 1

1 一邊撕開可撕式油漆用壁紙，慢慢地貼上，裁切多餘的部分。使用刮刀會更容易貼合。

2 因為想要吊掛包包，需要堅固的掛架，在背面左右側以L型零件補強。接著加裝掛勾、羊眼螺絲等需要的配件。

2 作好防污措施後，使用滾輪及刷子塗上水漆，重覆塗2到3層。

K小姐

以調節器立起的洗衣用具置物架
收納出整齊&輕巧的空間

在洗衣機上方的死角空間，
使用調節器自製置物架，
讓狹小且收納不足的衛浴空間
瞬間變得方便使用。

米白色的 2×4角料
支撐調節器及2×4
層架支架，適合用於
重視整潔感的衛浴空
間。柱子的高度也能
自由調整。

能融入植物圖案壁紙的
簡單米白色

搭配天花板及樑的位置，能改變左右邊2×4
角材的柱子高度。也能設置出適合洗臉空間的
收納等，非常方便。

使用伸縮棒吊起短窗簾之處，以木材遮蔽。在窗簾
前方的架子上，排列著洗衣用清潔劑、特殊材質洗
衣清潔劑、洗衣粉、柔軟劑、漂白劑、香氛噴霧
等，也裝飾上人造植栽。

層板下方固定鐵製掛架，吊
掛抹布及手套。有把手的門
蓋能遮蔽清潔用品，取用也
方便，很舒適的空間。垂掛
人造植栽，完成空間布置。

如果使用角料支撐調節器，像衛浴空間這樣狹窄的環境，也能簡單地架設收納架。我在洗衣機的上方架設收納架，放置籃子及洗衣精。抹布及清潔用手套等吊掛在收納架下方，加裝門蓋遮蔽。

米白色的角料支撐調節器與籃子、洗衣機、洗臉台十分相襯。洗衣精也很方便拿取，讓作業更加順暢。蓋在窗框上方的木板，使用雙面膠帶貼合即可。在這塊板子與角料支撐調節器立起的柱子上，使用木螺絲固定最上層的層板。

這根柱子能隨喜好釘上螺絲。向著洗臉台的柱子側面，設置了擺放眼鏡的空間。

關於「恢復原狀時可能產生的糾紛及準則」

●準則的定位

民間的住宅租賃契約，是基於契約自由的原則，在出租方及承租方的雙方同意下履約，在歸還物件時，是由出租方或承租方負責進行恢復原狀，常會產生爭議。

為了預防在歸還物件時產生關於恢復原狀的糾紛，國土交通省對於租賃住宅標準契約書，考量判例及交易的實務等、關於恢復原狀的費用負擔方式，於平成10年3月編定準則，在平成16年2月及平成23年8月進行追加判例及Q&A等的改訂。

<關於本準則的使用>

〔1〕 此準則預設租金為<u>民間租賃住宅</u>。

〔2〕 此準則是在簽定租賃契約時，可參考之內容。

〔3〕 已簽定租賃契約者，基本上以現有的契約書為有效內容，依契約內容說明為原則。契約書條文不明確，及契約簽定時有問題的情況下，可參考此準則進行討論。

●防止糾紛發生

恢復原狀的糾紛容易發生在租賃契約的「出口」，也就是歸還房屋時。如果能在「入口」，也就是入住房屋時就納入考量，先仔細確認入住至歸還房屋時有無可能損耗等狀況，在締結契約時，當事人雙方就確認恢復原狀等的契約條件，雙方同意後，再進行契約簽定，就能有效地防止糾紛發生。

●準則的重點

(1) 何謂恢復原狀

恢復原狀定義為「<u>將承租人因居住、使用，而發生建物價值減損、因承租人故意行為‧過失、違反善良管理人之注意義務、非正常使用情況下而造成的損耗‧毀損恢復原狀</u>」，其產生的費用由承租人負擔。自然損壞之情況，在正常使用下產生的損耗等修繕費用，則包含在租金中。

→恢復原狀並非指承租人要恢復屋況至承租當時的狀態。

(2) 何謂「正常使用」

因為「正常使用」不易定義，所以舉以下具體事例，明確地指出承租人及出租人的負擔內容（參考下圖）。

<圖 損耗‧毀損的區別>

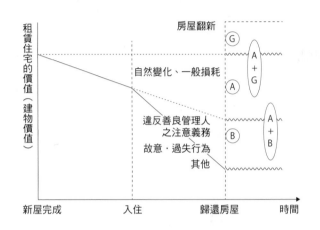

A ：承租人在一般的居住、使用方式下所發生的情況。

B ：因承租人的居住、使用方式而發生或未發生之情況（明顯為非正常使用等情況引發之結果）。

A（+B）：基本上屬於A，但之後的維護保養因承租人管理不良，而產生或擴大損耗狀況。

A（+G）：基本上是屬於A，包含增加建物價值的要素。

以上圖而言，B及A（+B）的部分，承租人有恢復原狀之義務。

(3) 考量使用年數

即使發生解說（2）的B及A（+B）情況，包含自然損壞及一般損耗，承租人在租金中也有支付此部分的費用，如果要承租人負擔全額，會有契約當事者之間費用分配欠缺合理性的問題。承租人該負擔多少，需考量建物及設備的使用年數，大多採用「年數越多，負擔比例就越少」的方式。

(4) 施工

因為恢復原狀是恢復毀損部分，在可能恢復的範圍內，僅限於毀損部分，以補修工程能完成的最低限度的施工為基本，但關於毀損及需要補修的部分有落差（如需要配色、圖案搭配）時的處理方式，有一定的判斷方法。

出處：日本國土交通省官方網站

編註：本頁資訊是基於日本法律及解釋，臺灣的情形請以本國法律及實務見解為準。

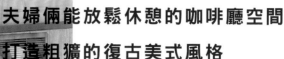

Y小姐

夫婦倆能放鬆休憩的咖啡廳空間
打造粗獷的復古美式風格

以工業風打造獨特風格的吧台

我正與先生一起學習咖啡知識，將來的夢想是購買手動烘豆機，從烘焙生豆到沖咖啡都由我們自己親手完成。

小凸窗的收納空間
是組合木材剩料製作而成

抽屜及上下開合的門扇，是使用百圓商店購買的相框及橫條踏板。以模版印刷文字，營造咖啡廳氣氛。

直接使用營業用物品
呈現自然率性的感覺

金屬製的腳踏板是先生職場前輩給我們的。組合2片板子而成的桌板上，加裝鐵製腳架，並蓋上腳踏板。

使用仿舊加工及金屬製的腳踏板，
營造出工業風咖啡廳的氛圍，
並以調節器製作能恢復原狀的吧台。

我與婆婆及先生的奶奶、姊姊及姪女，還有狗與貓，6人2隻的組合，住在屋齡40年的古民宅。

因為希望有只屬於夫妻兩人的休憩空間，在儲藏室改建的別屋空間裡，設計出讓我們能舒適地渡過休閒時光的居家裝潢，也要盡可能地不要花錢就能達成。希望盡可能重現先生「討厭牆上留下填補孔洞的痕跡」的想法，使用能恢復原狀的DIY方法，開始布置有自己風格的房間。

因喜歡復古美式風格而迷上了老屋的氣氛。對喜歡咖啡的我們來說，非常想要擁有一個令人憧憬的咖啡吧台。由於抱持不破壞牆面主義，角料支撐調節器正是我們的救世主。與喜歡車子的先生想像的畫面，是電影《玩命關頭》中出現的倉庫及車庫。運用從朋友那裡得到的腳踏板，營造出工業風的咖啡廳空間。

使用調節器的柱子
塗上金屬般的色澤

以調節器立起的木頭柱子
使用灰泥質感塗料及噴漆
打造出金屬質感

2×4角材漆上灰泥質感的塗料，並噴上黑色及銀色的噴漆。

組合黑板與木板牆
打造復古美式風格
活用牆面作為收納空間

木板牆塗上木材保護漆。在洞洞板上掛鐵籃，用來收納紙巾及卡片。

家中原有無法打開的門
使用調節器製作橫條木板牆
巧妙地隱藏住

木板牆裡面是改裝時留下的門。鍍鋅鋼板的部分也保留了收納空間，預計擺放義式咖啡機。

使用閃閃發亮的
新奇塗料親手製作！

將PVC及合板等新手也容易加工的材料上漆
打造出馬口鐵的質感

朋友製作的簽名板與自製的咖啡濾杯架並排

咖啡濾杯架使用塗上拋光上色蠟、灰泥塗料、黑板塗料的木材剩料，以長螺絲及螺母製作。

右　吧台下方的波浪鋼板其實是PVC材質

波浪鋼板是購入連新手都能簡單加工的PVC材料，使用無光澤的黑色與銀色噴漆塗料，打造金屬質感。

左　印著巴士終站標示的裝飾相框也親手上漆製作

使用模版，以塗料手作。

以美國為意象的
星形裝飾品

星形裝飾品使用木材或
是馬口鐵等，即使材質
不同，風格是統一的。
好像有驅魔功效一般，
適合擺放在家中各處。

Y小姐

以角料支撐調節器架設柱子
打造出一整面的展示牆

曾經覺得無法裝飾牆壁，
但若使用調節器立起柱子製作木板牆，
就能上鎖螺絲、漆上顏色。

組裝一整面的展示板

使用調節器立起柱子及木板牆
讓牆面瞬間變得美麗

使用角料支撐調節器設立的2×4角材，可能會發
生彎翹的情況。有彎翹的地方，放入木材剩料調
整。

配合展示板前方的電視
櫃高度貼合。即使改變
房間擺設，移動家具位
置，要增減板子及柱子
也很簡單。能彈性地調
整是角料支撐調節器的
魅力所在。

少許的錯位能以調節器
調整。只是改變最外側
柱子的方向，就能改變
牆的厚度。選用青銅色
的角料支撐調節器。

因為木板牆能打洞，所
以可以掛上時鐘。以公
車終站標示板的設計，
呈現出熟悉感。

以螺絲固定百圓商店
購入的鐵製掛勾，掛
上愛迪生燈泡。多餘
的電線隱藏在板子後
方。看得見燈絲、燈
泡散光，有溫度的樣
子感覺很療癒。

從改造小物開始成為我的DIY生活，現在也成為與先生的共同興趣。

先生在判斷是否能復原上，比我來得準確，女性視線沒注意到的重點也會提醒我，大型的改造作業會兩個人合力完成。

基本的主題是「狂野＆復古美式風格」，經過許多嘗試及失敗，最近終於抓到感覺了。我們發現如果要呈現出想像中的樣子，最快的方式就是有個大面積的木板牆能自由地裝飾。

因此，我們完成了使用角料支撐調節器製作的巨大展示板。襯托出屋齡高的建築物氛圍，也能裝飾上裝飾品及雜貨，並完成在牆壁上打洞等以前無法作的事，每天都覺得很興奮。

牆面能鎖入螺絲
安裝層架
享受裝飾雜貨的樂趣

增加綠色植物，讓粗獷的空間中帶有柔和的氣息。因為是日照少的房間，便使用人造植栽。

為了符合復古美式風格，打造深色的木板牆

使用3種不同長度的木板，讓角料支撐調節器立起的柱子看起來像隨機排列，營造出節奏感。

I小姐

使用調節器立起的柱子
將陽台打造成休憩的戶外客廳

使用水泥牆而無法鎖螺絲的陽台，
運用調節器，簡單就能提昇空間品味，
視覺上隔開空間又能營造寬敞感。

使用調節器輕鬆完成！懸吊裝飾

a 只要以手指轉緊天花板側調節器上的旋鈕，就能穩穩地固定柱子。不需要工具，穩定性很好，能確實地頂住陽台的樑與木地板。

b 以前會將綠色植物及雜貨擺放在牆邊及圍欄，或是排放在架子上。架設了柱子後，能增加懸吊在空中的雜貨，也能使用鐵製掛勾掛上有重量的擺飾。

以調節器立起的柱子上吊掛鐵製提燈
打造國外庭園風格

使用木甲板消除與客廳的高低差，裝飾上綠色植物、古董、二手雜貨，打造出國外庭院風格的陽台。

公寓的陽台很單調，過去主要是用來洗曬衣或進行DIY作業的空間。公寓要進行修繕時，必須把所有的物品撤出，因此只能作可以恢復原狀的改造。首先，鋪器架設的柱子，只要調整好調節器，就不用擔心會搖晃。以前無法安裝的鐵製提籃及有個性的裝飾、能吊掛有重量的雜貨，現在都能盡情使用，一下子增加了許多裝飾的樂趣。

天氣好的時候，可以在陽台上喝茶及享受閱讀的時光，感覺好像多了一個房間，內心十分滿足。這個空間中的設計重點就是以調節器立起的柱子，消除與客廳的高低差，與客廳連成一體。裝飾許多綠色植栽，想像著可以搭配古董風及復古雜貨的外國風庭院，每天一點一點地完成裝飾。

設置在樑下的柱子
成為設計重點

運用壁紙
營造仿舊感

在調節器上貼上壁紙改造。調節器是設計為室內用，想裝設在室外時，請遵循使用說明書內容，了解需負擔的責任。

木材與綠色植物的搭配
打造出
療癒度滿分的空間
夫妻一起在這個空間
度過悠閒時光

打開落地窗，陽台就像
客廳的延伸空間一樣。
倆人會在這裡品嚐咖啡
及渡過假日的早餐時
光。

古董風的提燈是
適合放於陽台的電池式LED燈
傍晚時分空間呈現的感覺也完全不同

觀看的角度不同而有不一樣的變化，綠
色植物產生的影子也很美。以人造植栽
纏繞遮蔽調節器。

雜貨營造出使用過的仿舊感
改造鐵罐及白鐵皮代替花盆

即使是上過漆的物品，別忘了在塗裝後
使用砂紙進行仿舊處理，呈現剝落的感
覺。只要多一道步驟，就能提昇原創手
作感。

不傷害牆壁及家具、窗戶等處
容易撕下的強力黏著掛勾

可撕式掛勾，也能耐重。塑膠部分
可以上色後再使用。

鐵鏽感及百葉窗能襯托出綠色植栽的美

享受園藝DIY，即使增加植物也保持整齊不雜亂。水缽中
形成青鱂魚的小生態群落。

DIY完成的空調室外壓縮機外罩
可以當作作業台使用

收納刷子及畫筆的罐子也是上漆改造的作品。
作業台上的油漆痕跡也是故意殘留下來，營造
出仿舊的感覺。

貼上可撕式掛勾
掛上鐵網

牆面是單調的公寓磁磚外牆。由於是不
易伸手觸及的位置，在鐵網上掛人造植
栽，往下垂落裝飾。

S小姐

以調節器及洞洞板增加收納空間
搭配粉嫩顏色打造可愛的廚房

使用調節器架設2×4角材的柱子
瓦斯爐前方設置洞洞板

建議先想好要收納的物品，再仔細地測量。窗戶
及前方的牆壁也下了點功夫，保持明亮度。

使用調節器及洞洞板打造的收納空間，

讓廚房瞬間變得舒適好使用，

還能融入最喜歡的粉嫩色系。

今人滿足，變身成非常方便使用的廚房。

能當作展示空間發揮玩心，支撐調節器及洞洞板確保收納空間，前方較低位置處，更加明亮且潔淨。使用角料過這些經驗進行DIY，透揮這些經驗進行DIY，於是發曾經在雜貨店工作，也

因為喜歡室內設計，也能營造出少女氛圍。粉嫩色系運用在室內裝潢，家裝潢中卻非主流。但是將居服很受歡迎的顏色，在居最喜歡的粉嫩色系為基礎進行改造。粉嫩色系雖然是家潢，先從廚房開始，以自己

因為原本是單調的裝也會在自己家中進行。很多，使用工具的簡單作業寓。我所住的樓層，年輕人剛搬到東京都內的出租公關的公司工作，3個月前才我因為轉職到DIY相

材料

2×4調節器、2×4角材、可撕式
油漆用壁紙、樹葉圖案紙膠帶、
洞洞板、水龍頭旋鈕、塗料等。

step 3

1 混合塗料與保護漆，使用海棉
塗於2×4角材表面。上色的同
時也能保護木材的表面。

step 2

1 貼上樹葉圖案紙膠帶。輕輕貼上
後，使用橡皮刮刀或毛巾壓出空
氣，完美貼合膠帶，如果失敗也
能重貼。

使用可撕式壁紙
光滑面及租屋也OK

2 使用衝擊起子或電動起子，在
2×4角材上放洞洞板，鎖螺絲
固定。在2根2×4角材上，以螺
絲固定層板。

2 在可撕式油漆用壁紙上，塗上塗
料，在牆面貼出直向線條，裁掉
不需要的部分。

step 1

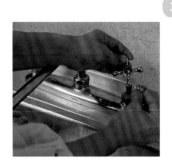

租賃房屋的水龍頭旋鈕外觀都很
單調。在網路上查詢水龍頭旋
鈕，會出現各種款式，可以挑選
自己喜歡的樣式。

厚度較薄的調節器
適用於柱子及牆面

3 2×4角材的兩側安裝米白色
2×4調節器。調節器的厚度
薄，很適合2×4角材，不浪費
使用空間！

b

a

c

能阻隔99%紫外線
也達到遮蔽效果

a 只要使用可撕式油漆用壁紙，就能製作出屬於自
己的設計。選用的塗料光澤恰到好處，作品呈現也很
美，覺得心滿意足。b 洞洞板帶有設計感，在最
上層釘木釘，吊掛料理器具及砧板。層板上排放調
味料及香草類。c 拆下窗簾，貼上樹木葉片圖案紙
膠帶，自然光灑入，讓廚房的氣氛也明亮起來。租屋
使用可撕式的便利紙膠帶，也能打造出舒適的廚房。

以2×4角料接合器
組合能堆疊的便利鞋櫃

使用2×4角料接合器，
能依照鞋子數量及客人來訪狀況，
組合鞋櫃。

在鞋子數量變動、客人來訪、搬家等情況發生時，能根據狀況增減鞋櫃、調整寬度及高度。使用接合器，就能製作出非常方便的鞋櫃！！

2×4角料接合器使用上很方便！

鞋子增加，或有客人來訪時，
可以使用接合器縱向接合。

鞋櫃若縱向連接，能收納7雙鞋子。多餘的空間可擺放工具。

接合器完全嵌入的樣子。2×4角材的柱子也上漆，打造出像鞋店一樣時尚的空間。

原本家裡沒有鞋櫃，如果將鞋子排放在玄關，就幾乎沒有可以站立的位置。市售的鞋櫃又太占空間，想要擁有細長型的鞋櫃，而且外觀也要符合我的喜好。

因此，我決定使用米白色2×4角料接合器，依鞋子及來訪客人數量，接合排列櫃子，改變高度。接合器實際上有1皿左右能從任何角度調整的空間，歪斜的地面及天花板，也能進行微調整，架設柱子。

除了能讓狹小的玄關變得清爽整齊外，搬家也能依狀況來增減鞋櫃數量。

在零收納空間的洗衣機擺放處
添加可愛的洗衣收納架

除了收納洗衣用品，還兼具展示效果。
若使用角料支撐調節器，
外觀也很美觀。
洗衣精容器使用遮蓋膠帶裝飾。

喜歡使用瓶子可愛的國外品牌洗衣精
在視線所及的位置處可愛地陳列

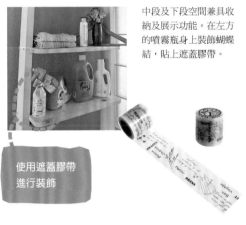

中段及下段空間兼具收納及展示功能。在左方的噴霧瓶身上裝飾蝴蝶結，貼上遮蓋膠帶。

使用遮蓋膠帶
進行裝飾

調節器的顏色
與粉色系也很相襯

洗衣機兩側使用調節器架設柱子，上方加裝層板。柱子塗上粉色系油漆，就顯得很有質感！浴室的入口外框與客廳的拉門都貼上無光澤白色紙膠帶，搭配整體顏色。

剛搬進來時，洗衣機周圍很單調，洗衣精也直接擺放使用。我先試著在洗衣空間的後方貼上可撕式壁紙，營造出外國風格，讓老舊公寓的氣氛煥然一新。而為了活用洗衣機上方的空間，使用2×4角料支撐調節器架設2根柱子，並裁切1×4角材，嵌入柱子，作為層板。柱子塗上粉色系油漆，粉紅色及淺紫色的洗衣精瓶、衣架等用品，展示般排列擺放。

直接以調節器的顏色進行搭配。以蜜蠟紙包裝放入塗料罐的黃金葛盆栽，則裝飾在最上層。

這個圖案
比想像中來得有存在感！

這系列可撕式壁紙的特徵是，擁有國內許多設計師都使用過的個性圖案。非常容易黏貼也好撕！寬度是45cm。

&WORKS CAFE ★

AND

15 PINTS PER GALLON INCLUDING TAX

1	.22	9	1.98
2	.44	10	2.20
3	.66	11	2.42
4	.88	12	2.64
5	1.10	13	2.86
6	1.32	14	3.08
7	1.54	15	3.30
8	1.76	16	3.52

GULF REFINING CO.

CKITCHEN DINING○

Succulent

TRUNK FES"

2016
EVERY DAY IS
366
A NEW DAY.

JUST TRUST
YOUR SELF
THEN YOU
WILL KNOW
HOW TO LIVE.

NOW NEY

STOCK
MULTI-USAGES STOCKEGE
8304-7395 2813-6143
LASHING CONTAINER

STOCK
ES STOCKEGE
2813-6143
TAINER

GOOD FRIENDS ARE HARD TO FIND HARDER TO LEAVE AND

隱藏熱水器開關
打造可擺放日用品的空間

安裝層板,以洞洞板取代門蓋。上下放置廚房
用具及雜貨,打造「可展示」的牆面收納。

在廚房的出入口設置收納架，
排列廚房用具，
完成「可展示的收納」空間！

I小姐

在廚房及客廳之間架設收納架
提昇作家事的效率

在以結婚為契機所蓋的新家內開始DIY，是在3年前左右。一開始嘗試了白色與棕色的柔和自然色調裝潢，但先生給予「太可愛了」的負評。因此，轉換成融入先生喜好，有男性風格的居家裝飾。

首先要注意的是，不要使用過多顏色。以黑・棕・綠3種顏色為基底，搭配人造植栽，營造出溫暖的氣氛，因為不知道什麼時候會再改變喜好，所以能恢復原狀的DIY則是我們家改造的基本準則。

原本就有在製作客廳的隔間時使用角料支撐調節器，覺得步驟也很簡單。這次為了要遮蔽熱水器控制面板，製作了兼具收納功能的架子。層板安裝於支架上方後，使用金屬零件固定在支架上方，作為門蓋。上下方擺放廚房用品及雜貨，完成「可展示」的牆面收納空間！開關也巧妙地隱藏起來，我非常地滿意。

以青銅色調節器
展現男性風格！

隱藏熱水器控制面板

打開門蓋後，裡面是這樣的感覺。不只能隱藏熱水器控制面板，也簡單地以雜貨裝飾。

將百圓商店購買的澆水器代替花盆使用

白鐵皮材質的澆水器插入人造植栽後吊掛裝飾，增添大自然氛圍。妝點上三角旗帶來可愛氣息。

在角材上方固定水管夾代替掛勾

水管夾是用於固定水管，馬鞍型的金屬零件。裝飾上人造植栽・喇叭型葉子，呈現毛茸茸的感覺。

不想公開示人的
收納空間
使用鉸鍊就能安裝門蓋

層板及門蓋使用2個金屬零件固定。鉸鍊支撐著門蓋，增加開合功能。

能放置與客廳共用的物品，非常便利！

將封口夾及橡皮筋放入瓶子後，整齊地排列在籃子中。

固定鐵製毛巾架

廚房的出入口如果能吊掛圍裙，會很方便。以人造植栽毛茸茸白色松蘿，還有捕夢網裝飾周邊。

將2×4角材貼上紙膠帶
在洗臉台邊的牆面使用調節器立起柱子
打造收納&展示空間

可愛的單根柱上擺放肥皂、化妝棉及棉花棒。洗臉台周邊的牆壁條狀張貼可撕式磁磚壁貼。

洗臉台周邊貼上可撕式磁磚壁貼
以調節器提昇生活品味

柱子貼上木紋紙膠帶，
在維持陽剛感的同時，
運用配色打造活潑可愛的氣氛。

從洗臉台的周邊到牆面，貼上好撕且使用真正磁磚的馬賽克磁貼，選用黑色與藍色。背面是貼紙，如果要貼在沒有撥水加工的壁紙上，使用專用清潔溶液，就能在撕下時保持乾淨。我選用了平常不太使用的淡藍色，稍微冒險嘗試一下。

牆邊使用角料支撐調節器架設柱子，以L型金屬支架安裝簡易收納架。建議先將層板安裝於柱子上之後，再使用角料支撐調節器架設柱子。

考慮整體協調性，在收納架上裝飾收納到的伴手禮肥皂，及放入棉花棒的瓶子、空氣鳳梨等。柱身貼上可重覆黏貼的木材斷面圖案紙膠帶。在維持一定陽剛感的同時，也運用配色為空間增添可愛活潑的氣氛。選用這款圖案真的是太正確了！讓每天刷牙的時光變得很有樂趣。

以木頭基調裝飾
呈現清爽西海岸風格

於漂流木插上寫了「BEACH☆」、「CALIFORNIA→」文字的標示牌。與木材斷面圖案很相襯。

展示歐舒丹的肥皂
同時當作備品

彩色的馬賽皂，帶有裝飾效果。這裡也擺放上空氣鳳梨。

化妝棉及棉花棒
裝入瓶子整齊排列

百圓店購買的簡約瓶罐，裝入衛浴空間的必需品，排放在伸手就能取得的下層。

收納柱的作法&磁磚壁貼的貼合方法

step 2

材料

馬賽克磁磚、角料支撐調節器、2×4角材、層板、木材斷面圖案、L型金屬支架。

1 在2×4角材上，貼合紙膠帶木材斷面。

step 1

2 使用L型金屬支架，安裝層板。

將馬賽克磁磚貼（黑色／藍色）依需要切割成4份，張貼於水槽的周圍。

適合製作架子的
小型調節器

BURNABLES

PLASTICS

使用可撕式壁紙及管狀掛架
活用死角空間

使用壁紙裝飾吧台，以調節器
頂住柱子，安裝掛架。以調節
器改造的空間能吊掛掃把及畚
箕、噴霧器等物品。

使用可撕式材料
及角料支撐調節器，
製作垃圾桶&打掃用具收納空間。

I小姐

吧台旁架設細柱
打造垃圾桶&打掃用具收納空間

before

製作垃圾桶&打掃工具收納空間

廚房吧台的側邊牆面貼上壁紙，使用自製模版，塗上「可燃／塑膠類」的英文字。我很擅長製作模版印刷，模版也都是自製品。

黑色及銀色的壓克力顏料，營造出鐵製質感。加上這個步驟來收尾，外觀就能變得更加有味道，推薦大家嘗試看看。包含製作模版印刷，需要約2個小時的時間。

熟練後，作業的速度也會變快，DIY是我週末的興趣。現在偶爾先生也會幫忙，下個挑戰是改造門。

支撐調節器調節，架設2根柱子，在中間安裝PVC管，吊掛打掃工具。柱子用的角材先塗上護木色漆，打造古木材感。PVC管塗上黑色及銀色的壓克力顏料，營造出鐵製質感。

也使用不傷牆壁的角料支撐調節器。

材料

灰色可撕式壁紙、角料支撐調節器、角材、護木色漆、螺絲、PVC管、彎管、模版。

使用電動起子等工具，在角材上方安裝角料支撐調節器。

調整調節器的高度，在吧台下方嵌入角材。

角材上加裝水管夾。

1 PVC管及連結的彎管，塗上黑色及銀色的壓克力顏料，營造出鐵製質感。乾燥後組合成ㄇ字型，嵌入安裝在柱子上的水管夾。

2 將自製的模版放於牆上，以黑色顏料輕拍上色。PVC管上吊掛迷你掃把及畚箕、放入小蘇打溶液的噴霧瓶等。

依牆面尺寸，裁切灰色可撕式壁紙。能簡單地貼合於牆面，撕下後也能保持乾淨，重貼也沒有問題。

個人喜歡的
混凝土風圖案

59

part 2

活用創新的改造工具
享受可恢復改造法的樂趣

除了架設柱子的調節器外，
可撕式壁紙及膠水、
磁磚、壁貼、膠帶等，
這些方便的工具在市場上也不斷推陳出新。

給合這些工具加以活用，
牆面及角落都能整體改造。

從工具獲得靈感，
打破舊有的室內設計概念，
打造出更自由且美麗的空間。

LIFE
IS
BETTER
WHEN
YOURE
LAUGHING

自從見到這款置物櫃圖案的壁紙後，
就一直想要進行3D置物櫃的改造。利
用這款受歡迎的絨面壁紙，掛上鑰匙
箱、掛鎖及鏡子，放上報紙，裝飾綠
色植物及乾燥花，享受改造的樂趣。

從壁紙的圖案擴大想像
懷抱著夢想的客廳入口

使用可撕式膠水貼合
一見鐘情的置物櫃壁紙，
在表面裝上箱子，增加收納空間。

光是黑色填縫磁磚
就有多種圖案及尺寸！

右　貼上黑色填縫磁磚，地鐵圖案可撕式壁紙。英文句子的意思是「笑容使生活更愉快」。左方的裝飾板是使用木材剩料及布偶製作而成。
左　帶有斑點的長春藤從高處垂下，營造整體活潑氣息，為充滿鐵製材質圖案風格的壁紙，帶來柔和的效果。使用自然植栽時，別忘了在收納箱內放入方便換水的輕巧型花瓶或試管。

將自從看到這一款置物櫃圖案壁紙時，就一直在腦海中的想法實現。這種絨面材質的壁紙使用粉狀膠水黏貼，之後復原撕下時就能保持乾淨。

除了貼上壁紙之外，在置物櫃圖案的門上安裝上相同尺寸的盒子，帶出立體感，打造充滿趣味的空間。

加裝擺放鑰匙及報紙的收納箱，因為位在玄關附近，也設置鏡子。再加上壁紙圖案上也有的掛鎖，提高裝飾的趣味。裝飾綠色植物及乾燥花，美化空間。在掛鎖上書寫收納箱的內容物或是名字，呈現出獨特風格。

因為懷著志忑忑的心情來製作，得到大家的好評格外令我開心。也貼上地鐵圖案的壁紙，在門上方加上數字，更能呈現公寓入口的感覺。

以這款壁紙將房間
打造成置物櫃風格！

右　這款掛鎖是是很講究的珍品。因為壁紙圖案上有掛鎖，要仔細地決定安裝的位置。如果再裝上鐵製名牌，更能增加無限想像空間。以鉸鍊安裝門扇，並加上掛鎖。
左　這個是鑰匙收納箱。使用一般的箱子很無趣，而且希望能更方便使用。因此我決定放上小日曆，在大象公仔旁邊畫對話框寫下「THE GOOD NEWS」，想像充滿樂趣的一天即將開始。

因為是裝飾用，便放入英文報紙，如果是收納用，也可以放入定期購買的刊物。每個都是木製箱子，貼上壁紙後再安裝到牆上。

右　因為接近玄關，有鏡子能方便檢查儀容。實用性及幻想交織，化作想法實踐令我很開心。裝上鏡子後，再貼上貼紙等裝飾，增加質感。
左　紅色系的乾燥花與壁紙掛鎖的鐵鏽色相映，是我很喜歡的搭配。像國外的烘焙坊一樣，門上以壁貼裝飾。

將紙捲式壁紙貼於牆面，
古木材風格掛勾也是親手製作。
使用不留痕的黏貼式掛勾。

Y小姐

採光不良的廚房
以有趣味性的壁紙改造

壁紙貼合方法&
黏貼式掛勾安裝方法

能夠重複黏貼
調整位置很輕鬆

使用毛巾擦掉牆面的灰塵及油脂，將寬450mm × 2.5m的紙捲壁紙，配合貼合面的形狀，以剪刀及美工刀裁剪。撕下離型紙，輕輕地貼合，確認水平及垂直方向後，輕壓貼合整張壁紙。

撕下黏貼式掛勾所附的和紙材質上的離型紙。

在想貼掛勾的位置，貼上和紙，緊密地貼於牆面，靜置半天以上。接著撕開掛勾貼紙的離型紙，注意掛勾的方向，貼於和紙上即可。

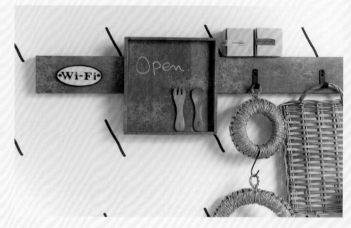

在貼上鐵鏽圖案紙膠帶的板子上，鎖上螺絲加裝掛勾。掛上鍋墊及自然系咖啡廳托盤、亞麻圍裙。

將2個可撕式黏貼式掛勾並排，看起來很可愛。上方掛的是針織鍋墊，下方則是2個鐵藝籃子相連，放入糖果。

只要貼上
就OK！

掛勾壁貼的材質是聚酯纖維，在廚房這類比較潮濕的場所使用也沒問題。很適合掛上量杯，從上方垂掛插在改造鐵罐中的綠色植物，展示起來很美麗。

為了將昏暗的廚房改造成明亮的空間，首先使用壁紙改造。

我使用的壁紙是由得過Good Design獎的品牌，針對DIY所開發的產品，能夠輕易撕下，不留痕跡。所選用的圖案則是由藝術家平山昌岡所設計，充滿無厘頭感的風格正是魅力所在。

掛勾的木板及木盒貼上鐵鏽紙膠帶，在壁貼表面貼上強力雙面膠。木板上方釘上「WI-FI」的名牌，以粉筆書寫「Open」的木盒上，以雙面膠貼上叉子及湯匙，打造出咖啡廳的感覺。

黏貼式掛勾用於收納及裝飾都很方便。特別是紅色配色的整體協調性佳，成為廚房內的亮點。

這一款壁紙除了好貼好撕外，圖案也很特別。搭配這樣的悠閒氣氛，將廚房小物可愛地排列，也試著裝上黏貼式掛勾。

7 女兒的寢室以白色為底、靛藍為主、灰色為輔，山胡桃木作為空間設計重點，與丹寧材質也相視。以「JOY」的文字呈現童趣，在比腰還低的位置上張貼磚塊造型壁紙。

M小姐

以「男孩房」為形象
打造出美式休閒風的女兒房

使用帶有立體感的磚塊造型壁紙，
將女兒寢室改造成紐約風的男孩房間。

將洞洞板設置在床頭，不傷害牆面就能安裝各種物品。床頭燈鎖上螺絲固定，開關也在方便的位置上。

在洞洞版上安裝書架掛勾，擺放於床頭的是瑞典的織品設計師與印度的服飾系學生，共同合作開發的系列書籍。

厚度5.5mm
堅固，低甲醛

洞洞板夾於床鋪及牆面之間，使用大頭針將板子固定，防止傾倒。將牆面受到的損害降到最小，洞洞板上可以釘釘子及鎖螺絲。

所使用的洞洞板，附有專用的層板支架及J型掛勾組合。層板支架穿洞後放上板子，就能簡單地製作收納架。這裡也可以擺放鬧鐘等物品，非常方便。

雖然我的手不是很靈巧，但從以前就喜歡圖畫及美術課程，現在施工速度也算快。

女兒的寢室以前堆放太多物品，沒有特別亮眼的地方，因此考慮運用牆面讓人留下印象，也能襯托家具。

女兒跟我一樣，希望呈現優雅的設計，因此馬上就想到「紐約風男孩房」，帶有男子氣息，在空間設計加上重點，營造令人放鬆的氣氛。我以前也很容易增加許多物品，被說「作得太過火

了」，開始將照片上傳到社群網站後，變得比較客觀，能夠注意到自己的錯誤。嘗試之後，確認再修正，在這樣的過程中，讓想像也變得更加地熟練。

女兒寢室完成後的樣子，就與我所想的一樣，令我感到很滿足。貼在牆上的磚塊造型壁紙，不僅日後能乾淨地撕下，材質很有質感，接合處也不會顯眼。

床頭板能放置書本，因為也有側桌，除了喜歡瑜珈跟鋼琴外，還超喜歡書的女兒，在睡前也能享受閱讀的樂趣。在牆面的下方，貼上可撕式壁紙。

有立體感的
磚塊造型壁紙

留下的痕跡
比圖釘更不明顯！

面向牆壁，右側的六角形收納架使用石膏板固定掛勾安裝。因為是可以使用釘書機安裝於牆壁的商品，牆面不會留下太大的損傷，可依自己的想法來活用。

使用專用零件，
製作受歡迎的梯子置物架。

使用梯子置物架打造
飯店及店鋪風格的衛浴收納空間

我的父親手很靈巧，在家中打造了日本庭園，我發現自己也承襲了父親對於熱衷事物的執著。因此，一旦開始進行，就要徹底地持續作到自己滿意為止，不會妥協。太專注於成品的展示效果的話，打掃會變得辛苦，雖然打掃時我也很專注。

這個衛浴空間原本是黑白色調的飯店風格，在社群網站上也很有人氣。但是，這次使用專用零件製作了大家都喜愛的梯子置物架。保持原有的飯店風格，提高柔和度，而且空間變得更寬敞。打掃工具收藏在下方，並考慮到展示，打造出時尚感十足的收納空間。在梯子置物架的後方，使用粉狀膠水貼合黑色填縫磁磚·地鐵磚圖案壁紙，能提昇衛浴空間的潔淨感。

將黑白色調的毛巾，分類放入鐵絲籃中收納。澆水器插上人造植栽，針織袋放入蠟燭展示。

下層擺放浴巾等尺寸大的物品，最下方擺放有著拖把的水桶。嚴選網狀籃子及水桶、打掃工具等物品，控制顏色調性，營造像飯店或店鋪的氛圍，美麗地陳列物品，在追求效率的空間也能呈現出美感。

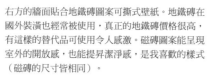

附有可以先試用在
不顯眼處的樣品！

右方的牆面貼合地鐵磚圖案可撕式壁紙。地鐵磚在國外裝潢也經常被使用，真正的地鐵磚價格很高，有這樣的替代品可使用令人感激。磁磚圖案能呈現室外的開放感，也能提昇潔淨感，是我喜歡的樣式（磁磚的尺寸皆相同）。

因為原本的衛浴空間設計，在社群網站上很受歡迎，進行改造時其實相當忐忑。使用專用零件就能輕鬆製作梯子置物架，完成整齊俐落的空間設計。

梯子置物架的作法

材料

PINK FLAG出品的專用零件（用以測量層板深度的工具，除了購買時會附贈外，從官方網站也可以下載）。

2×4角材、層板、塗料、刷子、木螺絲等。

step 1

1　將2根2×4角材，使用塗料上色。在每根2×4角材各安裝1個零件。

2　在側面2個開孔處鎖上木螺絲，確實固定在2×4角材上。

3　在2根2×4角材的相同高度處，嵌入層板支架。在2個螺絲孔處鎖上螺絲固定。

step 2

1　架設2根2×4角材。放上已經上色的層板，一邊參考深度測量工具，確認層板擺放的長度。

2　層板使用木螺絲，確實地固定於左右側的2×4角材上。

M小姐

使用可撕式強力雙面膠
在牆面貼上立體磚紋壁紙裝飾

立體磚紋壁貼

一旦貼於牆壁後就難以撕下，

但使用可撕式強力雙面膠貼合，就可以恢復原狀。

改變室內擺設而移動家具、嘗試各種喜歡的壁紙圖案。立體磚紋壁紙與一般壁紙不同，帶有立體感及高級感，只要貼上就能有隔音、防撞、保溫的效果。

我在移動家具、改變擺設時，也會想要嘗試各種不同風格的壁紙。

因為客廳有許多喜歡的家具及雜貨，便選用了能襯托的立體磚紋壁貼紙。無縫隙的簡單造型，很棒的立體感呈現。如果撕下離型紙直接貼合，從牆面撕下時會殘留痕跡，但使用壁紙屋本舖的無痕防撞地板用雙面膠，就能輕易恢復原狀。磚紋圖案及水泥牆圖案帶有室外開放的氣氛，我很喜歡。使用磚紋圖案統一室內牆面，貼合及保養都很簡單。

有著像抱枕一樣柔軟膨鬆的觸感，無縫隙的白色磚紋，能襯托家具及雜貨。立體磚紋壁紙共有4色。希望增加室外氛圍，周圍裝飾許多綠色植物。

有六層構造厚度的立體磚紋圖案

立體磚紋壁紙的貼法

材料

立體磚紋壁紙、無痕防撞地板用雙面膠、量尺、剪刀、鉛筆。

2 在立體磚紋壁貼的背面以鉛筆作記號，裁剪適合的尺寸，從邊緣開始貼合。※若直接貼上立體磚紋壁紙，會難以撕下。

1 在牆面貼上無痕防撞地板用雙面膠，撕下離型紙。這項商品好撕，不易留痕跡。

M小姐

使用可撕式門貼
與壁貼裝飾門扇

以可撕式門貼與壁貼搭配設計
營造出俐落的空間風格

使用可撕式門貼及壁貼，裝飾寢室門的週邊及樓梯的牆面。※可撕式門貼雖然可使用於裝飾合板及玻璃門，但貼於裝飾合板上時，還是有極少數的貼紙會剝落的狀況發生。建議先索取樣品，在不明顯的地方試試看。

將「make」的文字壁黏貼於牆面角落，反而能帶出立體感。帶有斑駁感的文字別有一番風味。

想在寢室門及樓梯的白色牆面上增加亮點，使用能乾淨撕除的壁貼及門貼。這個門貼雖然是一張平面，但帶有立體感，壁貼則是考量開門時的整體感去調整位置。兩者都像便利貼一樣，貼上後能輕易撕下。門貼無法使用在紙門及塗裝面，撕下時表面會剝落，需要注意。

草寫體的「Best」也是簡單的單字，橫向貼合，前方擺放綠色植物，線條交錯，呈現俐落的空間設計。

「YOUR FUTURE is created by WHAT YOU DO TODAY not TOMORROW」這句話是出自於《富爸爸，窮爸爸》的作者羅伯特·清崎，意即「未來是由今天，而非明天的行動所創造」。

將日常生活變成藝術的 NEON FUTURE圖案

before

在p.22頁介紹過，預計要放入上下鋪的小孩寢室。一整面牆都是衣櫥，所以這次改造了衣櫥的門。衣櫥的門也需要確認材質及加工是否能恢復原狀。

預計放入上下鋪的三兄弟寢室，打算改造一整面牆的衣櫥。使用可撕式材料，隨著小孩成長，能簡單地改變房間的裝潢。

T小姐

在衣櫥貼上紙膠帶、遮蓋膠帶 以及磁磚貼增添童趣

在此介紹P．22預定要放入上下鋪的小孩寢室。這一面牆是很常見的公寓衣櫥，在設置完收納架後，也改造衣櫥的門。首先，貼上消光黑紙膠帶與量尺圖案遮蓋膠帶。請注意這款「量尺」的標記方式是相反的，無法用來量身高。因為老三是會跑進衣櫥玩的調皮鬼，特別使用模版印刷放上「DO NOT ENTER（禁止進入）」的告示，不知道小孩懂不懂呢？並且貼上磁磚貼，打造視覺亮點，單點使用也能改變氣氛。

大片的衣櫥門面也使用
紙膠帶及模版印刷，
增加設計重點，
讓空間變得更可愛。

消光黑膠帶的
獨特色澤呈現雅緻感

遮蓋膠帶好撕
方便使用

衣櫥的改造方法

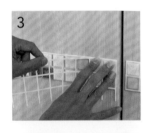

3

貼上磁磚貼，嵌入填縫用網再裁切多餘的部分。

1

右側以縱向方式依順序貼上消光黑紙膠帶、量尺遮蓋膠帶、消光黑紙膠帶。稍微隔出空間，交叉地貼上消光黑。

4

在磁磚的下緣，貼上裁切好的細長的消光黑膠帶。帶有一點點紫的黑色非常帥氣。

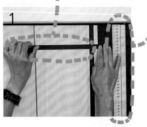

2

在要製作模版印刷處也貼上消光黑紙膠帶，放上模版印刷「DO NOT ENTER」，塗上乳白色塗料製作模版印刷。

在可愛的磁磚風格中
帶入冷調的感覺

材料

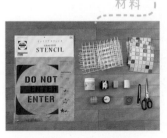

消光黑紙膠帶、量尺圖案遮蓋膠帶、以模版印刷的「DO NOT ENTER」、磁磚貼、塗料等等。

使用洞洞板及紙膠帶壁貼
打造美式普普風咖啡廳

吧台上擺放小餐具架及隔間架，
能收納廚房內大量的用具，
打造出咖啡廳的氣氛。

以木材斷面圖案紙膠帶裝飾

一組有三張的紙膠帶壁貼，撕下離型紙後貼上即完成。即使失敗，撕下重貼就可以。木材剩料斷面的圖案相當獨特。

充滿個性的圖案
從遠處就能一眼看到

在餐具櫃上方的牆壁貼上木材斷面圖案紙膠帶，作為視覺重點。餐具櫃上的餐具看起來雜亂，所以貼上合板遮蓋。右方架設延伸到天花板的木框，展示咖啡廳風格的雜貨。

嵌入延伸至天花板的木框背面牆壁，貼上日本製壁紙。使用木材架設簡單的收納架，能放置油品及料理工具。

我家的廚房特別營造美國普普風的感覺。

我使用的洞洞板背面比較好上塗料，因此翻面後塗裝再使用。白色牆面太過突兀，於是使用紙膠帶將白色處填滿。從客廳能看到整個廚房，面對廚房的右側，嵌入延伸到天花板高度的木框，打造兼具展示及收納功能的置物架。安裝有把手的掀蓋，將微波爐及烤麵包機等有生活感的物品，隱藏在裡面。整體營造成咖啡廳的感覺。

玻璃杯及餐具置於客廳側，也方便拿取與收納，收拾整理變得輕鬆。製作小型的餐具架，排列上我喜歡的梅森罐。

餐具櫃的橫向空間中，設置了塗黑的洞洞板。掛上掛勾，安裝L型金屬零件，架設起方便的調味料架。黑色的背景搭配上白色調味料，非常相襯。

洞洞板的背面
也很容易上色！

從張貼客廳DIY的壁紙開始改造。只要改變最寬的那面牆，整個
氣氛也跟著改變。如果希望視覺上有寬敞感，可以使用白色。

隨著時間經過黃化的牆壁
使用磚紋壁貼改造，
打造調性統一的明亮空間。

讓狹窄空間看起來寬敞的訣竅，在於使用白色素材。客廳的窗邊貼上白色磚紋壁貼，讓房間整體變得明亮寬敞。這款壁紙能乾淨地撕下，所以租賃住宅也可使用。可撕式材料最近不斷推出，讓生活在住宅區的我開心無比。

窗簾滑軌也已經黃化，就以木材製成窗簾盒隱藏。

左側的黑板牆壁，是為了隱藏空調的排水管而製作。只要將松木木板組合成ㄇ字型就完成，天花板及牆面完全不留痕跡。下方擺放裁縫臺作為支撐，上方放置黑板，畫上每個月的月曆。因為有小小孩，所以特別注意腳邊盡量不要擺放多餘的物品。剪刀及美工刀這類尖銳有危險性的工具，收納在小孩碰觸不到的位置。

貼上裝飾壁貼
改變客廳氛圍

可撕式壁貼

可撕式、租屋也可使用的室內壁貼。各種可撕式材料能使用的場所及使用方法各自不同，請先確認。先在不顯眼處測試，會比較安心。

組合橫向長條木板成ㄇ字型，製作窗簾盒。拆下窗簾滑軌後，使用原有的孔洞鎖上螺絲，以L型支架固定。隱藏黃化的窗簾滑軌，呈現潔淨感。

為了隱藏空調的排水管而製作的工作空間。將松木木板組合成ㄇ字型，製作牆壁，與先生作的廚房吧台相連。當小孩在整理作業時，我也能快速地處理電腦工作。

石膏板塗上黑板塗料，畫上讓家人們能確認行程的大日曆。

恰到好處的復古色調可撕式磁磚、消光黑紙膠帶、最適合作為設計重點的木紋圖案遮蓋膠帶，結合三種素材將廚房改造成鄉村風。

磁磚貼的質樸配色成為設計重點，
以紙膠帶與遮蓋膠帶改造冰箱，
好像能喜歡上原本不擅長的料理。

I小姐

以帶有復古感的可撕式磁磚貼
打造鄉村風廚房

《Come home !》是我很憧憬的雜誌，並且我也是《我的家園》的粉絲，所以鄉村風是我居家裝潢的基調。

廚房是我最先開始進行室內改裝的地方，記得是製作了收納架或是窗簾盒。

原本我就不擅長下廚，所以希望在廚房裡能喜歡上作菜，便使用沉穩的色調來裝飾。

馬賽克磁磚貼帶有復古觸感，與木材質感十分相襯！磁磚已排列在貼紙上，只要直接貼上，就像是真正的磁磚一樣。

所使用的馬賽克磁磚是以象牙白、灰色、棕色混色組合。搭配經典灰，則有時尚雅緻的感覺。

配合改造後帶有沉穩氣氛的廚房，朋友使用丹寧布料幫我製作咖啡廳窗簾，吊掛在木框的另一面，完成理想的廚房。

圖案很有存在感
適合作為設計焦點

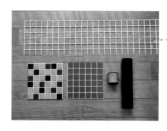

材料

馬賽克磁磚2種、木紋遮蓋膠帶、消光黑紙膠帶。

step **2**

冰箱的表面貼上消光黑紙膠帶，重點位置也貼上木紋遮蓋膠帶。兩者都能輕鬆貼上，而且也都是可撕式材料。

step **1**

貼上磁磚壁貼，裁切邊緣縫隙部分，嵌入填縫用網。網子的光滑面是正面，粗糙面是背面。將多餘的部分裁掉。

牆面裝飾相框及人造植栽。消光黑與木紋膠帶和壁紙、踢腳板及前方的木材質呈現整體協體性。

如果自己進行填縫作業，是滿辛苦的。若使用填縫用網，能簡單地貼出真正磁磚般的效果。

沉穩的配色非常理想！

無光澤的黑色
讓家電也充滿俐落感

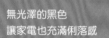

DRINK MENU
COFFEE

Coffee   HOT
Espresso   HOT
Cappuccino   HOT/ICE
Caffe Latte   HOT/ICE
Mocha Latte   HOT/ICE
Caramel Latte HOT/ICE

COFFEE
HOUSE ☕

BEGIN
with the
possibilities

在瓦斯爐及抽風機周圍，吊掛鍋墊及平底鍋。在備料台深處展示菜單及綠色植栽，排列料理工具。水槽附近則陳列時鐘、名牌板、綠色植物。窗框是嵌入式。

I小姐

以能吸引孩子的朋友為目標
打造時尚風玄關

使用紙膠帶及壁貼，
改造出帥氣的玄關牆壁及鞋櫃。
窗戶上帶有復古風格的貼紙也是我的最愛。

玄關牆面的改造法

材料

石壁、鐵鏽圖案紙膠帶、綠色窗貼、黏貼式掛勾、木板、龜甲鐵網、木螺絲。

黏貼式掛勾除了具有收納功能外，也很適合當作重點設計使用。左邊牆面是使用百圓商店購入的改造壁貼。

黏貼式掛勾是質感很好的橘色圖樣

帶來視覺變化的石壁圖案紙膠帶

孩子的朋友們有「想要再勾」的想法就太好了。

玄關原本以鄉村風的木頭家具為基調，設計出簡單俐落的感覺。但是孩子升小學後，會有許多朋友來家裡玩，所以思考在保有使用方便性及清爽的感覺的前提下，再加上重點設計，打造更吸引人的空間。如果能讓孩子的朋友們有「想要再勾」的想法就太好了。

首先，在鞋櫃上方及左側的牆壁貼上鐵鏽圖案紙膠帶。接著，將石壁圖案紙膠帶，貼於窗框周圍與左側的牆壁，營造出帥氣的感覺。窗戶貼上復古圖案的窗貼，嵌入窗框，裝飾上黏貼式掛勾。

step 1

將紙膠帶貼於鞋櫃上方的牆壁。特點是好貼好撕，鐵鏽圖案的視覺效果真實，也帶有深度，是很受歡迎的款式。

將窗貼裁切成窗戶尺寸貼合。窗框周圍貼上石壁圖案紙膠帶，裁切多餘部分。

step 2

朝著木板，折彎龜甲鐵網以木螺絲固定，製作出人造植栽的容器。簡單的加工就能讓鹿角蕨的外觀呈現更美麗。

避免小孩外出時忘記帶東西，在樓梯牆面上設置可以吊掛包包及帽子的掛勾。

I小姐

小孩外出的好幫手
樓梯旁活用紙膠帶的收納架

以六種獨特圖案紙膠帶為中心組合，
再安裝上鐵網及洞洞板。

樓梯的牆面設計了能吊掛小孩包包及帽子的空間，避免忘記帶東西，讓外出準備變得更簡單。除了牆面外，腳邊也使用有獨特感的紙膠帶。

首先，踏板位置縱向貼可可亞色及孔雀綠磁磚圖案紙膠帶。

接著，在牆面的最上方貼上復古磁磚圖案、下方貼鐵鏽圖案、再更下方貼消光黑。木板掛勾利用塗料與模版進行印刷。

讓人聯想到童話的
不可思議配色

配合復古磁磚圖案的沉穩配色，在普普風的特別圖案上，使用強力雙面膠貼上裝有鐵網的細長木片。使用S型掛勾吊掛小孩的包包及束口袋，裝飾上人造植栽。簡單的施工方式，適合吊掛重量輕的物品。

樓梯周邊的改造法

材料

各種紙膠帶、木板、模版、龜甲鐵網。

step
2

1

在木板上使用塗料及模版進行模版印刷。木板上安裝掛勾，在紙膠帶表面貼上強力的雙面膠，黏貼木板。

2

細木片上使用U字釘，釘上黑色的龜甲鐵網。使用鐵槌時要注意安全。

龜甲鐵網在任何地方都能打造時尚空間。

step
1

在踢板及牆面貼上紙膠帶。一邊由上而下黏貼，一邊輕拉紙膠帶左右兩側，就不會產生皺摺。

K小姐

提昇廁所明亮度的
植栽假窗

仙人圖案及
木板牆圖案壁紙,
搭配鐵鏽圖案紙膠帶
作出窗戶模樣。

因為廁所拉門有凹凸不平處,就不使用粉狀膠水,而是貼上一層紙膠帶之後,再使用雙面膠貼合木板牆圖壁紙。

由於牆面是平坦的,就使用粉狀膠水貼合壁紙的上下方。粉狀膠水特別適合用於在平坦的牆面張貼進口壁紙。

KAMOI加工紙出品的紙膠帶「mt」

我是mt紙膠帶的粉絲,光滑面或石材表面都能完美貼合,深色款帶有無光澤的質感。

在昏暗狹小的廁所中,裝飾拉門及旁邊的牆面。獨特的仙人掌圖案搭配紙膠帶貼出的窗框,營造有如熱帶植物園的空間。

我家的廁所雖然有窗戶,但是與其他空間相比還是偏暗,覺得美中不足。因此,我使用進口壁紙與鐵鏽圖案紙膠帶,製作假窗。

首先,牆面平坦容易貼合壁紙,使用粉狀膠水貼上仙人掌及多肉植物圖案壁紙,以及下方的木板牆圖案壁紙。多肉植物壁紙的四周以鐵鏽圖案紙膠帶包圍,作出窗框。拉門貼上鐵鏽圖案紙膠帶後,貼合仙人掌圖案壁紙,下方則使用木板牆圖案壁紙。先貼上紙膠帶,再重疊雙面膠的作法,之後就能輕易撕除。最後以裁剪成細條的鐵鏽圖案紙膠帶貼出框格。

改造廚房吧台下方的收納門。廚房以自然風格為基調，是放鬆小憩的空間。黑板漆的顏色鮮艷，非常好玩。

K小姐

使用黑板漆
打造煥然一新的廚房吧台

before

普通的門扇也煥然一新！

右側門扇保持原狀，左側貼上可撕式壁紙。改造週邊同色系的米白門扇，加入重點設計，讓人眼睛為之一亮。

使用可撕式壁紙
光滑面也能貼合

在可撕式油漆用壁紙上塗上黑板漆，就能享受在黑板上作畫的樂趣。

在可撕式油漆用壁紙上塗黑板塗料

材料

取下門扇，貼上可撕式油漆用壁紙，裁切多餘部分。作好防汙措施後，使用滾筒塗上黑板漆。

可撕式油漆用壁紙、黑板漆、上漆用滾筒、筆刀、粉筆、直角尺。

飯廳氣氛相襯的黑板漆上漆。

搭配空間的氣氛，使用粉筆寫上文字及畫上插畫，相當有趣。這一款藍色黑板漆比想像中來得鮮豔，充滿了休閒風格。

廚房吧台下方的收納門，原本以紙膠帶打底，再貼上雙面膠後，貼上壁紙。但壁紙因為有厚度，隨著門的開關而磨損剝落。

於是在這裡改貼上可撕式油漆用壁紙，使用與

凸窗的窗框部分，是貼上可撕式油漆用壁紙後塗上塗料，並使用賽克磁磚貼（黑色）裝飾。

Y小姐

妝點上綠意的
豪邁&冷調風格的寢室凸窗

使用油漆用壁紙
改變窗框的顏色。
以磁磚貼盛裝打扮出喜歡的空間。

家裡很多房間的日照時間偏少，能感受到陽光的寢室顯得格外珍貴。這個凸窗原本是在以棧板製作的收納架上，擺放綠色植物及漂流木，偏向自然風格的裝飾。但是與以釘書機釘上的磚塊圖案壁紙，以及窗戶上的壁貼等家飾不相襯，所以決定進行改造。

首先以木材剩料及長螺絲&螺帽製作收納架，並改變綠色植物的位置。窗框貼上可撕式油漆用壁紙後，塗上我一直很憧憬的深色塗料，再使用磁磚貼進行改造。

可撕式油漆用壁紙與磁磚貼的貼法

3 待塗料乾燥後，撕下磁磚貼的離型紙貼上。配合窗框所貼的紙膠帶，選擇黑色的磁磚貼，接著貼上填縫網。

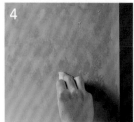
4 使用塗料呈現水泥的質感。以洗車用的海棉取代刷子，拍打按壓上色，乾燥後就完成塗裝！

1 如果直接塗裝牆面，復原會很困難，所以先貼上可撕式油漆用壁紙後再上漆。只要撕下離型紙，貼合於牆面就可以，使用刮刀輔助，能壓出氣泡，讓壁紙服貼於牆上。

2 為了呈現接近水泥牆的顏色，整體先塗上深色塗料。

材料

磁磚貼、填縫用網、可撕式油漆用壁紙、刷子、量尺。

82

Y小姐

展示外套等物品
只需貼合就完成的焦點牆面

使用可撕式材料，
簡單就能裝飾牆面，
即使只貼於牆壁的一角，
也能營造截然不同的氣氛。

我經常把通勤用的外套及包包等物品，堆放在床鋪或椅凳上，一直希望能有隨手吊掛物品的空間，除了使用方便之外，還能融入室內裝潢的風格就太好了。掛衣架意外地占空間，又無法使用需要打洞的款式。身為DIY女子，也希望盡可能自己親手製作。

因此，我決定使用可撕式壁紙及掛勾，運用閒置的牆面，打造簡單的吊掛空間。打開門看見時尚的衣櫥，就像一幅繪畫一樣。

帶有奇幻感的改造牆面，與原本就有的復古時尚風格壁紙也很搭配。貼上WhO的壁貼（暈染、幾何學圖案）、不鏽鋼黏貼式掛勾、YOJO TAPE「拉鍊圖案」製作而成。

可撕式壁紙不僅方便使用，能實現充滿創意的設計更是魅力所在。單單以小物搭配綠色植物吊掛，就能打造出有藝術感的空間。

使用壁紙及遮蓋膠帶製作壁貼藝術

3
貼上可撕式掛勾，牢牢地固定。也很適合吊掛手作的編織裝飾毯（以毛線或麻線製作的掛毯）。

使用壁貼前，使用釘書機固定壁紙。壁紙若撕下一部分，有可能會導致整片掉落，需要在撕下處補強。

1
木板圖案壁紙只以釘書機固定。將預計貼上壁紙處的木板壁紙撕下，裁切要貼上的壁貼，從下方開始貼合。如果失敗，能撕下再貼上。

2
以拉開衣櫥門的樣子為形象，使用拉鍊圖案遮蓋膠帶作為重點設計。沿著壁紙的四邊，貼上遮蓋膠帶。

材料

壁貼、可撕式掛勾、拉鏈圖案遮蓋膠帶、切割墊、美工刀、尺、刮刀、捲尺。

Y小姐

將老舊拉門變身成
充滿存在感的時尚拉門

無法決定要怎麼美化的
廁所拉門以及周邊牆壁，
使用進口壁紙及紙膠帶注入新生氣。

在老舊拉門上貼合消光黑與銀色紙膠帶，營造高雅氛圍。貼上夏威夷拼布風的貼紙，以及朋友製作的壁貼，增添視覺焦點。牆面以磚紋及水泥圖案裝飾。

before

藍灰色混合磁磚圖案壁貼。很喜歡表現出古董觸感的設計。撕下後再使用時，保持相同的黏性，十分好用。

如同粉筆畫般的磁磚圖案感覺很時尚

改造時若想加上圖案，進口壁紙及紙膠帶是值得信賴的好夥伴。兩者的種類都很豐富，在腦海中增減顏色，選出最接近想像中的圖案。

家裡風格老舊的廁所使用的是拉門，已在前陣子改造完成廁所內部，這次以門為中心，在廁所的外側組合數種可撕式牆面素材，在能恢復原狀的範圍內進行改造。

我家的DIY主題雖然是豪邁&復古美式風格，在注重潔淨感的廁所中，又加入夏威夷元素。拉門與週邊的牆壁，使用可撕式粉狀膠水貼上進口及國產壁紙，拉門則使用紙膠帶及改造用壁貼裝飾。在合理的預算內能夠改造居家裝潢，個人感到很滿足哩！

改造拉門與牆面的材料

水泥圖案進口壁紙、磚紋國產壁紙、消光黑、銀色紙膠帶、混色磁磚（藍灰色）壁貼、可撕式粉狀膠水。

使用紙膠帶等可撕式材料
將陳舊的牆壁及設備變身工業風

隨意貼上紙膠帶
展現出豐富變化

使用裁剪編織物及鐵鏽兩種圖案的紙膠帶，不規則地貼上。再拼貼文字貼紙，與百圓商店購入的壁貼。人造植栽的綠色成為恰到好處的重點色。

SOHO

有各種圖案及顏色、寬度等，種類豐富的紙膠帶不傷牆壁，可輕易重覆貼合，即使貼上後一段時間，黏性也不會減少，是一項魔法般的方便商品。

水槽對面是幾年前購買的壁掛式收納架。在牆面貼上紙膠帶後，安裝掛鉤，同時也以雙面膠補強。既是有展示功能的收納，也提昇了使用方便性。

維持昭和復古感的廚房空間，
以紙膠帶為主角，搭配壁貼、
石膏板用釘子等物，改造成硬派風格。

每日三餐會在主屋與家人一起享用，這裡是用來準備茶水及輕食的第二廚房。

設備及裝潢是復古時尚風格，採光也不夠好，容易顯得陰暗。

因為剛完成咖啡吧台，有了飲用咖啡的空間，為了統一風格，廚房也一併改造。

以能夠重覆貼上的紙膠帶作為主角，使用壁貼、石膏板用釘子等便宜素材，以不傷害牆壁及原有設備的方式進行改造。

是否覺得有工業風的氛圍呢？

廚房的牆壁下方容易髒汙，於是配合水槽位置，從側面貼合磚塊圖案壁紙，延伸到對面的牆壁。塗上拋光上色蠟的木板上貼雙面膠後，作為邊條安裝。髒污變得不明顯，給人安穩的感覺。

富有昭和情調的老舊熱水器，首先整面貼上消光黑紙膠帶打底，呈現硬派感。將「SEASIDE WORKS 25」的字彙排成圓形，製作模版印刷，並以另一種字體與設計的壁貼製飾。

和室鋪設木質地板，與客廳相連，完成了大人及小孩都能感到舒適的小孩房。小孩房的側面以灰色格紋壁紙改造。

使用可撕式壁紙及手作收納架
改造客廳及和室

樑下方的牆面收納架如壁掛架般呈現。不使用釘子或金屬零件，而是在木板上挖出溝槽組合。牆壁上的紙膠帶表面，使用雙面膠貼合塗成淺灰綠色的磚紋磁磚。

孩子們的作品、懷舊的第一雙鞋等等充滿回憶的物品，與吉祥物週邊商品及喜歡的雜貨共同展示。物品交疊，呈現若隱若現的感覺。營造出大人風格的裝飾技巧在保持留白空間。

使用建造房屋時會使用的圓鋼筋，裝設成掛衣架。在居家材料行等處能以比較便宜的價格購入，也能請店鋪幫忙裁成想要的尺寸。強度高，比想像中來得更方便使用。

帶有溫度的木頭及鐵材質十份相襯。嵌入收納架的格子鐵絲，能夠以磁鐵固定講義及課表，或是使用S型掛勾吊掛筆筒，用途十分多樣。快速就能整理好，讓桌面不易凌亂。

幾年前購買的新公寓，客廳旁有和室，是很受歡迎的格局。生活起來很方便，但還是希望空間能更有特色。隨著二兒子出生，待在家裡的時間變長，所以借助了有職人經驗的先生，開始製作桌子及收納家具。也了解到透過牆面裝飾及改造，能變化居家裝潢的氣氛，使用能恢復原狀的方式享受DIY的樂趣。幾年前開始與先生一起經營二手商品買賣及雜貨店，家中的客廳也擺設國外的古董。

在和室鋪設木質地板，打造大人及小孩都能感到舒適的小孩房。和室對面的右側牆試著貼上灰色格紋圖案壁紙。此款壁紙令人著迷之處是好貼好撕的45㎝寬度，並且不傷牆面。失敗了能重新貼合，不會影響黏性。

我現在的樂趣是
使用可撕式壁紙及收納架，
將和室改造成充滿小孩物品的房間。

餐桌是先生親手製作，熔接了剝落得很有韻味的茶几桌板與鐵製桌腳，以很合理的價格完成。牆面是水泥牆。

好貼的45cm寬度
撕下重貼也很輕鬆

除了小孩房的側面，壁櫥的拉門也貼上壁紙，使用充滿個性的灰色格紋圖案。旁邊的CD架也是很顯眼的裝飾。

電視等家電周邊很容易呈現出生活感，在側面牆壁以磁鐵裝飾上療癒系的擺飾。牆面釘上圖釘，就能吸附磁鐵，宛如飾品一樣地裝飾，也能將牆面受損程度縮減到最小。

在和室的榻榻米上貼合木質地板。為了使客廳與和式地板的高度一致，特別講究地板材質的厚度，成功地讓和式與客廳無縫地連接在一起。客廳與小孩房裝飾上相同風格的雜貨，呈現出一致性。

小姐

貼上紙膠帶及合板後
使用燈籠造型磁磚裝飾

純白的洗臉台
以天然木壁紙裝飾，
牆壁貼上燈籠造型磁磚，
彷彿是外國戲劇
會出現的衛浴空間。

目標是打造出電影及戲
劇中登場的洗臉台。側面的
牆壁貼上燈籠造型磁磚貼 6
色，燈籠造型磁磚貼若直接
貼於牆面，會難以撕下，因
此先貼上紙膠帶及雙面膠後，
貼上合板，並鋪上磁磚，之
後就可以輕易恢復原狀。明

亮的照明反射有異國風的漸
層燈籠造型磁磚，閃閃發亮。
收納門扇貼上天然木貼
紙，增添木材的溫暖感覺，
與鋁框很相襯，並使用掛鉤
展示雜貨，能打造出有質感
的空間。

燈籠造型磁磚難以撕下，但如果貼於紙膠帶及合板上方，就能輕鬆恢復原狀。門扇也是在紙膠帶上方，再貼上天然木貼紙，使用拋光上色蠟呈現自然亮漆感，並以掛鉤裝飾上雜貨

安裝掛鉤，裝飾各式各樣的雜貨。

撕下燈籠造型磁磚貼的離型紙，貼合即可。使用六種顏色，越上方則轉為單色灰的漸層配置。鏡面門扇也能映照出漸層，延伸磁磚圖案到空間深處。

使用遮蓋膠帶、可撕式粉狀膠水
全面改造廚房

冰箱的前方以磁鐵及遮蓋膠帶裝飾。不知不覺中累積的廣告磁鐵，沒有不使用的理由。貼上英文報紙及壁貼、明信片等，打造原創設計。像換裝一樣的感覺，十分有趣。

古董醫藥櫃是先生透過工作關係取得，在微波爐等家電旁擺放了復古馬克杯的展示櫃，減少日常生活感。

只要將廚房裡最顯眼的冰箱
及容易變成死角的內側牆壁貼上壁紙，
就能完成空間改造，
煥然一新。

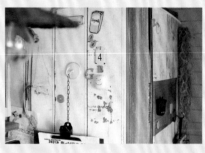

上　使用可撕式粉狀膠水，將壁紙貼於冰箱側面，營造出老舊時尚（Shabby Chic）感。搭配古董醫藥櫃，選用沉穩的米白色。

下　牆面使用紙膠帶及雙面膠貼上合板，上漆。牆面與空隙之間插入L型支架，嵌入2.5cm的方形橫條，就能安裝掛勾

使用同p.86小孩房的磚紋磁磚裝飾牆面。牆面貼上紙膠帶後，再貼上雙面膠進行施工。磚塊與磚塊之間的縫隙，將不鏽鋼製的L型黏貼式掛勾折彎插入，就可以吊掛收納物品。

製作一家4口餐點的廚房，是動線易混亂，容易看見髒污的空間。但如果一味注意實用性又很無趣，所以使用遮蓋膠帶及可撕式粉狀膠水改造冰箱，並應用紙膠帶及雙面膠裝飾牆面。木紋遮蓋膠帶能徒手筆直地撕下，好撕、抗水性強，任何場所皆適合使用，是我很喜歡的產品。思考「裝飾」與「使用」之間的平衡，家裡的每個區塊都呈現出獨特的空間特色。將吊燈掛得稍低，不變動古董醫藥櫃等處的擺設，只定期更新冰箱及瓦斯烤箱側面的牆壁裝飾。

使用可撕式工具組在牆面貼上
令人憧憬的進口織錦緞圖案壁紙

只要擁有「可撕式初學者進口壁紙工具組」，任誰
都能簡單地貼上進口壁紙。我也能打造出古典風
格的客廳！但是要注意可能無法貼於防髒汙及塗
氟的壁紙之上。

想在租賃的房屋使用進口壁紙的初學者，
推薦先購入壁紙屋本舖的「可撕式初學者進口壁紙工具組」！

壁紙屋本舖的「可撕式初學者進口壁紙工具組」，可以從200種以上的不織布壁紙中選出一捲，搭配專用的粉狀膠水、滾筒刷、刮刀，一次備齊張貼進口壁紙需要的材料與工具。

在一般的白色塑膠壁紙上塗膠，張貼進口壁紙，裁切多餘的壁紙即完成。材料包中能選擇的進口壁紙，是方便使用的肩寬尺寸，很適合初學者。膠水的黏性也很好，搬家時也容易撕下。膠水是水溶性，以水擦拭就不會留下痕跡，剩餘的粉狀膠水可以保存到下次再使用。

這個材料包真的很適合像我一樣的租屋族！如果日後要恢復原狀時覺得不好撕除，在壁紙背面以少許的水沾溼後，再慢慢地撕下就可以了。

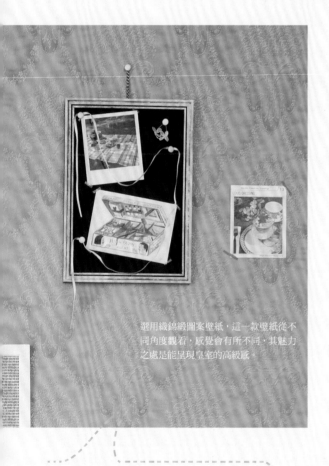

選用織錦緞圖案壁紙，這一款壁紙從不同角度觀看，感覺會有所不同，其魅力之處是能呈現皇室的高級感。

黑色搭配有亮澤的塗料
作成有氣氛的展示品

畫框重疊塗上兩種亮澤塗料。

進口壁紙的貼法

2 對齊壁紙的圖案，接合處使用滾輪按壓貼合。在裁切壁紙前，天花板側多餘的壁紙先以紙膠帶固定，會比較容易進行作業。

3 以刮刀在壁紙的上下邊界壓出折痕，頂著刮刀，以美工刀裁切多餘壁紙。

材料

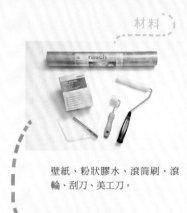

壁紙、粉狀膠水、滾筒刷、滾輪、刮刀、美工刀。

若粉狀膠水溢出
以水擦拭就可以

1 將粉狀膠水溶於水中，攪拌均勻。靜置40分鐘再攪拌，至結塊消失後，使用滾筒刷在素面的塑膠壁紙上大面積地塗膠。

I小姐

為客廳牆壁增添色彩
擺上魚骨拼木圖案的裝飾相框

YOJO TAPE兼具紙膠帶與遮蓋膠帶的優點，其中木紋圖案很受歡迎，可以用來製作很受歡迎的魚骨拼木圖案。在相框內製作圖案，裝飾上人造鹿角蕨及三角旗，能為牆面帶來強烈的視覺效果及統一感。

將單調的牆面改造成「可展示」牆面。
裁切貼合木紋遮蓋膠帶，製作魚骨拼木圖案的裝飾品。

裁切木紋遮蓋膠帶，製成魚骨拼木圖案，裝飾於客廳窗戶旁的牆面。這樣就可以使用比木材更容易加工的素材，挑戰製作魚骨拼木圖案！

YOJO TAPE結合了紙膠帶「時尚多元的使用方法」及遮蓋膠帶「防水堅固‧用手就能撕斷‧容易撕下」的特點，能夠使用於有水的環境及室外，提升家中裝潢的質感！重疊黏貼也沒有問題，位置稍微偏掉也能調整。

以遮蓋膠帶完成魚骨拼木圖案後，再製作木框。搭配周圍的顏色，選用引人注目的黑色上漆。這款塗料有著美國殖民地風格的柔和色調。

最後裝飾的物品使用雙面膠固定即可。選擇重量輕不會掉落的裝飾物。

使用遮蓋膠帶製作魚骨拼木圖案

材料

木工用木材2條、木紋遮蓋膠帶、黑色塗料、畫筆、量尺、直角尺、美工刀、筆刀。

使用雙面膠貼上三角旗及人造鹿角蕨完成！

step 2

1 外框用的木材兩端以美工刀裁成45度，塗上黑色塗料，使用紙膠帶暫時固定外框。

2 避免牆面損傷，夾入切割墊，以筆刀裁切遮蓋膠帶。

3 在外框的背面貼上雙面膠及紙膠帶，貼於牆壁完成。

step 1

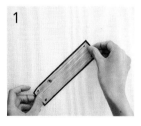
1 將直角尺放上壁紙，以自動鉛筆作出記號。使用美工刀裁切遮蓋膠帶，沿著記號貼合。

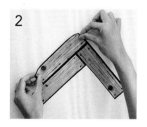
2 與第1張遮蓋膠帶呈直角，貼合第2張，色調不同也沒關係。第3張的遮蓋膠帶則與第1張平行貼合。

3 重複以上步驟完成魚骨拼木圖案，大小可依喜好製作。

I小姐

使用裝潢用的寬幅紙膠帶
如繪圖般裝飾牆面

使用紙膠帶貼出基里姆地毯紋樣，
打造空間重點，
原本單調的牆壁變得很迷人。

使用紙膠帶貼出基里姆地毯紋樣

材料

灰紫色紙膠帶、淡棕色紙膠帶、量尺、筆刀、影印紙、切割墊。

參考網路資訊，以影印紙印出基里姆地毯紋樣，以筆刀切割。在切割墊上貼2片紙膠帶。

紙膠帶上方擺放步驟1裁切下來的紙，以紙膠帶暫時固定，使用筆刀依形狀切割。

從切割墊上撕下紙膠帶，將圖案貼合於牆面即完成。

以土耳其基里姆地毯紋樣裝飾客廳牆壁。以網路找到想要的紋樣，影印出來，依圖案貼合紙膠帶灰紫色。使用紙膠帶，在上下兩側貼出直線，完成圖案。

在覺得缺少什麼的客廳牆壁上，增添我最喜歡的基里姆地毯圖案，打造目光焦點。不使用壁貼，而是裁剪裝潢用紙膠帶。因為是紙膠帶，能簡單撕下，失敗也能重新貼合。
若使用消光黑紙膠帶，感覺太過強烈，所以嘗試了

雅緻的灰紫色。最後上下各加入線條打造統一感。在網路上查詢基里姆地毯紋樣，選出喜歡的花樣，複寫在影印紙上。建議下方放上切割墊，能割出漂亮的線條。如同在牆壁作畫般，挑戰看看不同的圖案吧！

shop / web list

- LABRICO（角料支撐調節器／層板支架等）
  http://www.heianshindo.co.jp/labrico/

- DIAWALL（角料支撐調節器／層板支架等）
  http://hi.wakaisangyo.co.jp/

- Walist（角料支撐調節器／層板支架等）
  http://www.e-classy.jp/products/list.php?category_id=1446

- PINK FLAG（梯子置物架專用零件）
  http://www.pinkflag.me/

- 壁紙屋本舖（進口・日本製壁紙／改裝壁貼／塗料等）
  http://www.rakuten.ne.jp/gold/kabegamiyahonpo/

- EASY 2 Wall by WhO（壁紙）
  http://who-easy2wall.jp/

- DIY TILE（磁磚貼）
  http://diy-tile.com/

- mt CASA（紙膠帶）
  http://www.masking-tape.jp/lineup/special/casa/

- Graffito S.A.（塗料／遮蓋膠帶等）
  http://graff-a.com/

- decolfa（壁貼）
  http://decolfa.com/

- DIY.&Renovation's（洞洞板／角料支撐調節器等）
  http://www.rakuten.co.jp/ytnetshop/

- ROOM BLOOM（塗料）
  http://room-bloom.com/

- 吉田隆（龜甲鐵網）
  http://yoshida-taka.co.jp/kanaami/kind/kanaami01.html

- INAZAURUSUYA（人造植栽選物店）
  http://www.kusakabegreen.com/

- OUTLET CHEERS（雜貨／DIY用品）
  http://outletcheers.thebase.in/

- DIY ROOM（壁紙／DIY用品）
  http://www.kmfactory.jp/

手作 良品　85

是收納也是裝飾！免鑽牆＆免打孔！
小空間完全適用的壁面改造術

....

授　　　　權／	主婦與生活社	
翻　　　　譯／	楊淑慧	
發　 行　 人／	詹慶和	
總　 編　 輯／	蔡麗玲	
執 行 編 輯／	陳昕儀	
編　　　　輯／	蔡毓玲・劉蕙寧・黃璟安・陳姿伶	
執 行 美 編／	韓欣恬	
美 術 編 輯／	陳麗娜・周盈汝	
出　 版　 者／	良品文化館	
發　 行　 者／	雅書堂文化事業有限公司	
郵政劃撥帳號／	18225950	
郵政劃撥戶名／	雅書堂文化事業有限公司	
地　　　　址／	220新北市板橋區板新路206號3樓	
電　　　　話／	(02)8952-4078	
傳　　　　真／	(02)8952-4084	
網　　　　址／	www.elegantbooks.com.tw	
電 子 郵 件／	elegant.books@msa.hinet.net	

2019年7月初版一刷　定價380元

....

KANTAN DE KAKKOII! HEKIMEN SHUNO TO INTERIOR
Copyright©2017 SHUFU-TO-SEIKATSU SHA LTD.
All rights reserved.
Original Japanese edition published by SHUFU-TO-
SEIKATSU SHA LTD., Tokyo.

This Complex Chinese language edition is published by
arrangement with SHUFU-TO-SEIKATSU SHA LTD., Tokyo
in care of Tuttle-Mori Agency, Inc., Tokyo through Keio
Cultural Enterprise Co., Ltd., New Taipei City.

國家圖書館出版品預行編目資料

是收納也是裝飾！免鑽牆＆免打孔！小空間完全適用的壁面改造術／
主婦與生活社編著；楊淑慧翻譯.
-- 初版. -- 新北市：良品文化館出版：雅書堂文化發行, 2019.07
　面；　公分. --(手作良品；85)
譯自：簡単でカッコいい! 壁面収納とインテリア
ISBN 978-986-7627-11-7(平裝)

1.家庭佈置　2.空間設計

422.5　　　　　　　　　　　　　　　　108007338

....

STAFF

採　　　　訪／	大山ユミ、斎藤千佳子、小林朋子（吉祥舎）
攝　　　　影／	矢郷桃、原幹和、久保寺誠（イマココ）、
	阿部良寛、大橋宏明
設計・校對／	中村美紀・可部淳一（リリーフ・システムズ）
編 輯 協 力／	森井春樹（リリーフ・システムズ）
	古川智子（イマココ）、椎野礼仁（椎野企畫）
編　　　　輯／	小林朋子（吉祥舎）

....

經銷／易可數位行銷股份有限公司
地址／新北市新店區寶橋路235 巷6 弄3 號5 樓
電話／ (02)8911-0825　傳真／ (02)8911-0801

....

手繪可以玩出什麼花樣？超乎想像！

黑板手繪的完成品是靜態的，

但是，手繪的過程是動態的！充滿各種可能！

跟著黑板畫家CHALKBOY，

揮灑出自己的無限創意！

手作良品 55

黑板手繪字&輕塗鴉

作者：チョークボーイ
定價：380元

手作良品 83

黑板手繪字&輕塗鴉2
CHALKBOY
黑板手繪創作305

作者：チョークボーイ
定價：480元

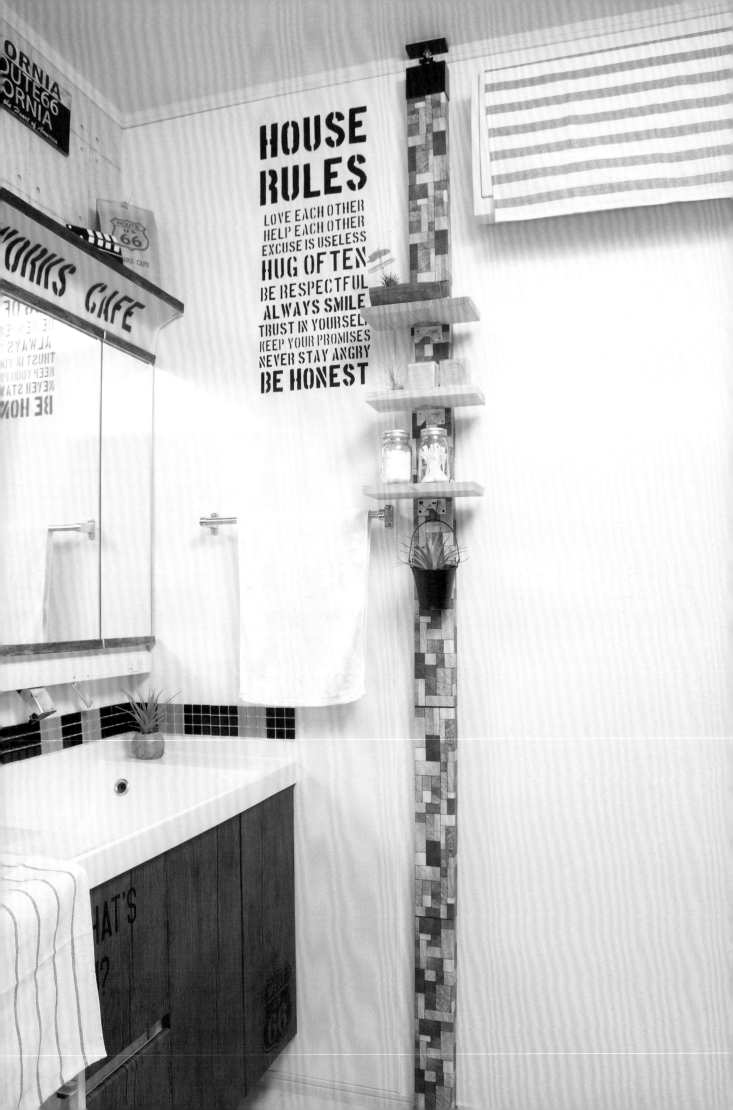